桜とは何か

花の文化と「日本」

佐藤俊樹
Sato Toshiki

河出新書
082

目次

第一章　「さくら」と「桜」　45

第三章 東アジアの花の環 143

第五章 桜の時間と人の時間

序章

旅へのいざない

1　移り変わる春

旅の始まり

日本の春が今、大きく変わりつつある。

日本の春といえば、もちろん桜である。その桜が今、一〇〇年ぶりの大きな転換期を迎えているのだ。

私のような、昭和の戦後生まれの世代にとって、桜といえば染井吉野（ソメイヨシノ）だった(*)。一面に咲き誇る、薄い白桃色（ペイル・ピンク）の桜並木。そのなかを送り出され、そのなかで迎え入れられる。花が開き散るまでの、嵐のような二週間。それがこの列島の春の姿だった。

土地によっては染井吉野ではなく山桜（ヤマザクラ）、あるいは彼岸桜（ヒガンザクラ）（エドヒガン）や大島桜（オオシマザクラ）のところもあるだろうが、どれも咲く期間は一〇日間〜二週間と短めで、一重（ひとえ）（花びらが五枚）、花弁の色は白を基調とする。そんな花が視界いっぱいに広がるのが、桜の春の景色だった。

染井吉野は公園や堤防などの開けた場所に、まとめて植えられることが多い。学校の校庭や会社の前庭でもよく見かける。南九州から北海道の南部まで、かなり広い地域で花を咲かせて、咲く時期（花期）は三月終わりから四月初めにかけて。それは卒業や退社、入学や入社の季節でもあった。

「染井吉野の花に送られて」「染井吉野の花に迎えられて」。そんな記憶がある人も多いだろう。「見事な桜の花に飾られて……」「残念ながら花は散りましたが……」といった言葉が、卒業式や入学式の式辞の定番にもなっていた。

年ごとに少しずつちがってくるが、ほぼ三月後半に咲き始めて、四月前半には咲き終わ

（＊）以下、サクラ（桜）にかぎらず、自生種・園芸品種ともに、植物学上の名称にあたるものはカタカナで表記する。植物学上の名称には別名があるものもあるが、基本的に勝木俊雄『桜の科学』（サイエンス・アイ新書、二〇一八年）にしたがう。サクラはバラ科のなかの「サクラcerasus属」、あるいは「サクラ亜属」または「狭義のサクラ属」と呼ばれるものの総称として使う。詳しくは勝木前掲二二～二四頁など参照。

また、日本語で「さくら」と呼ばれてきたものを特にさす場合は、ひらがなで「さくら」と表記する。さくらはサクラの一部にあたる。中国語での表記にあたるものは、カギ括弧つきの漢字で「桜」と表記する。サクラとさくらや「桜」がどのような関係にあるかは、日本の桜にとっても重要なテーマなので第一章で解説するが、区別できない場合や区別する必要がない場合も少なくない。その場合は文脈にあわせて適宜使う。

る。染井吉野の花は、そんな形で列島を駆け抜ける。その桜の波が「桜前線」とも呼ばれてきた。毎年、式の日程をにらみながら、波の到来にやきもきする。そのような、あわただしく、心騒ぐ春を過ごしてきた。

令和の桜巡り〜早春

そうした桜の景観が近年、とりわけ二〇一〇年代以降、大きく変わりつつある。東京でいえば、二月半ばから河津桜(カワヅザクラ)や寒緋桜(カンヒザクラ)が咲き始める。どちらも桜のなかでは、あざやかな紅色の花をつける。寒緋桜の深い紅は、まだ寒い冬の風のなかでいっそう映える。奄美以南の島々に自生していた桜で、沖縄や台湾の春を彩ってきたが、最近は東京でもあちこちで見かける。

河津桜は伊豆半島の河津周辺で見出された桜だ。それでこう名づけられた。今でも河津の川沿いが名所になっている。花つきが特にゆたかなこともあって、よく目にするようになった。菜の花の黄色ともよく似あい、早春の風景になりつつある。

二つの桜には花色の他にも、大きな共通点がある。咲いている期間が長いのだ。寒緋桜は一か月以上、咲いている。河津桜も三週間ぐらい咲いていて、その間に若葉も芽吹く。花が一面に咲き出す姿も、花と新緑が交じる姿も、どちらも楽しめる。

その後にはオカメ桜や寒桜（カンザクラ）がつづく。オカメ桜は寒緋桜とマメザクラを交配したもので、一重の小ぶりの花をつける。河津桜が紅に白を交えた大きめの花をつけるのに対して、オカメの紅は透明感があって印象的だ。イングランド生まれで日本に輸入された、という由来もめずらしい。

以前はあまり見なかったこの桜も、急速にふえつつある。東京では日本橋のあじさい通りが名所の一つになっている。三月後半からの一重桜の最盛期は、桜の名所近くのホテルや旅館はなかなか予約もとれない。その時期をさけて訪れる観光客を迎えてくれる桜でもある。

寒桜は寒緋桜と彼岸桜に、いくつかの桜も交えてつくられた。特定の品種ではなく総称なので、咲く時期も花の形や大きさも少しずつちがうが、白い花弁にほんのり紅をさしたものが多い。清楚で、なまめかしい桜だ。彼岸桜に先だって咲くので、河津桜や寒緋桜が広まる前は、寒桜が春を告げる桜になっていた。

令和の桜巡り～晩春

オカメ桜や寒桜が散った後は、小ぶりで可憐な小彼岸桜（コヒガンザクラ）や彼岸桜が花開く。雨にも似あう、艶やかな神代曙（ジンダイアケボノ）をはさんで、次に来るのは、あの染井吉野とヤマザクラだ。九州から北海道南部ぐらいまでは、このころが桜の最盛期にあたる。

　太平洋岸の比較的暖かいところでは、白く大きな花と明るい緑の葉がきれいな大島桜（オオシマザクラ）がそこに加わる。一方、東日本の比較的寒い土地や北海道では、薄い紅色の大山桜（オオヤマザクラ）が加わるが、今はそれも一区切りでしかない。東京でいえば、それからさらに八重紅枝垂（ヤエベニシダレ）をはさんで、今度は一葉（イチヨウ）、関山（カンザン）、普賢象（フゲンゾウ）などの旧くからの八重（やえ）桜、すなわち花びらの数が五弁より多い、華麗な桜たちが咲き始める。

　こうした桜たちも一か月近く咲く。葉陰の蕾まで開き終わるころには、もう五月になっている。秋咲きのヒマラヤ桜や四季咲きの十月桜（ジュウガツザクラ）も、小さな公園でときどき見かけるようになった。最近は「お正月に咲く桜」として啓翁桜（ケイオウザクラ）（東海桜）も加わり、いっそう華やかになりつつある。

　啓翁桜はホテルや飲食店のフラワーアレンジメントや、生け花でも見かける。温室栽培で、咲く時期だけでなく、花色も調整できる。果樹だとされてきたカラミザクラの系統であることも注目される。

多様で多彩な桜へ

　観光ガイドみたいな桜巡りになったが、日本列島の桜が今どのように変わりつつあるかを見渡すには、この方がわかりやすいだろう。

　まず、桜が咲く時季が長くなった。大正から平成にかけての、いわば二〇世紀の日本の桜の春は二～三週間の短さだった。そのあわただしさに儚さや心せわしさを重ねるのが、桜の語り方であり、感じ方であった。

　それに対して、今の桜は東京でも二月半ばから五月半ばまで、ほぼ三か月間咲いている。その間は、どこかで何かの桜の花を楽しめる。桜の春が通り過ぎていくのを、ゆっくりと味わえる。

　色あいも多様になった。二〇世紀の桜の春は白色や白桃色を基調として、ときおり紅が混じる。それが今は、寒緋桜の濃い紅を取り込んで、明るい紅や透明感のある紅など、さまざまな紅で春が彩られる。黄色の花を咲かせる鬱金（ウコン）や緑の御衣黄（ギョイコウ）も、広く知られるようになった。

　八重桜の多くは咲き始めの紅から、花盛りの白に転じ、やがて黄みを交えて萎んでいく。二〇世紀の桜語りでは「穢い」とさえ謗られたその色替わりも、今は春の景色の一部になっている。「桜色」がどんな色かも一瞬、忘れてしまうくらいだ。

　昭和生まれの世代にとっては目を見張るような、そんな新たな桜の姿も、今の子どもたちが大人になるころには、ごくあたりまえの春の景色になるのだろう。さらに多様で多彩になっているかもしれない。桜だけでない、春の姿も大きく変わりつつある。年々歳々人相似たり、歳々年々春同じからず、だ。

桜の移り変わり

そのような大きな転換期を私たちは迎えているが、こうした移り変わりは、実は初めての出来事ではない。

染井吉野の桜の春が生まれたのは二〇世紀の初め、明治の終わりから大正の初めにかけてだ。北海道の南部までを覆うようになるのは二〇世紀の後半、昭和の戦後になってからである。それとともに「ヤマザクラこそが本来の日本の桜」という桜語りも広まっていった。そうやって染井吉野とヤマザクラという、一重の桜を中心した景色がつくられていった。

そんな桜の春も、明治の人々にとっては新奇なものだった。明治のころは、桜の春は二週間ではなく「一か月」とされていた。今ほどではないが、やはりゆっくりとした春を過ごしていた。当時はまだ河津桜はなく、寒緋桜も沖縄や奄美の島々以外では、あまり目にすることがなかったが、彼岸桜は今よりもはるかに多く、町や山のあちこちで咲いていた。江戸（東京）や京都などでは、八重桜が特に愛好されていた。

	1900年頃まで	2000年頃まで	それ以降
花弁の数	八重が主	一重が主	一重・八重ともに
花色	白と紅	白と薄桃	多彩
期間	1か月	2週間	3か月

表0－1

色あいも、やはり現在ほどではないが、多彩だった。二〇世紀の桜の春のように、一つの色で語れるものではなかった。例えば、夏目漱石が一九〇七（明治四〇）年の『虞美人草』で「青い桜」について書いている。「青い」といっても、花弁の色が青いわけではない。昼の光線の射し方によって、あざやかな緑の萼が真っ白な花弁に投映されて、青く見えることがあるのだ。

こうした「青い桜」は江戸時代の桜図鑑『桜品（おうひん）』にも載っていて、青く見える視覚的なしくみまで、しっかり解説されている。『虞美人草』でも「光の具合」にふれている。夏目漱石はそのしくみまで知っていて、「青い桜」を描いたのだろう。

春の変遷

そんな桜の春の移り変わりをまとめると、**表0－1**のようになる。わかりやすさを優先してかなり単純化したが、桜の春がちょうど今、大きく変わりつつある。その感じは見てとれると思う。

本当は染井吉野でも、そうした色替わりは楽しめる。現在の日本の夜を照らすＬＥＤの白色灯の下では、その花は薄い白桃色のままだが、おだやかな黄色の灯りの下ではむしろ紅の色を濃くする。今はもう、少し古びた神社の境内や、趣きを凝らした飲食店の店先でしか見られないが、電球のゆらめく光やガス灯だけが夜を照らしていたころは、染井吉野にかぎらず、全ての桜が昼と夜でちがう色をまとっていた。昼の桜の彩りがさまざまであれば、夜の変化（へんげ）もいっそう多様だったはずだ。

一つの桜の花ですら、さまざまな彩りをまとう。『虞美人草』の「青い桜」には、そんな記憶が残されている。桜の花の色も姿も、時代によって大きく移り変わってきた。二一世紀の桜の春も、明治のころの桜の春や、さらに昔の桜の春の面影も蘇らせながら、新しい春の姿を創り出していくのだろう。

この二〇年の間に、そんな移り変わりに立ち会えた。それは素直に、幸せなことだったと思う。

2 語りの転換

海を渡る起源論

しかし、それ以上に印象的なのは、桜を見る人々のあり方の変化だ。

この二〇年の間に、桜の春は東アジアの各地で見られるようになった。朝鮮半島にも中国大陸にも、あちこちに桜の名所があり、多くの人が訪れる。日本語以外の言葉で「桜の起源」や「桜の歴史」が語られるのも読めるようになったが、それは少し意外なくらい、見慣れたものだった。

かつての日本の染井吉野には「クローンだから芽がすでに老化している」みたいな、奇妙な伝説がつきまとっていたが、それとよく似た語りを目にすることになったのだ。

例えば二〇一〇年代ぐらいまで、韓国では染井吉野は「韓国で生まれた桜」だとされていた。桜は韓国でも春を代表する花の一つだが、その多くは染井吉野で、戦後になって在日の人たちから贈られたものが主になっている（崔碩栄「韓国が桜の「起源」に固執する理由」Wedge ONLINE、2017/4/13など）。ところが、それらの桜が盛りの時期を迎えた一九八〇年代には、「染井吉野は韓国（の済州島）起源の桜だ」といわれるようになった。いわば里帰りした桜で、だから染井吉野の春は韓国の春だ、というわけだ。

染井吉野「韓国起源」説

もちろん、この韓国起源説は科学的には完全に否定されている。例えば、遺伝子のDNAを調べると、染井吉野は大島桜と彼岸桜と、さらにいくつかの桜の系統を引き継ぐ。大島桜が自生するのは地球上でも南関東の沿岸だけで、そこから海沿いの暖かな土地を伝って西日本に運ばれたこともあっただろうが、朝鮮半島まで持ち込まれたとは考えにくい。それと彼岸桜が交配され、さらに他の系統も少し入っているとすれば、大島桜と彼岸桜がよく見られ、他の桜も咲いていた土地で作り出されたか、見出されたと考えざるをえない。

この段階で、候補地はほぼ一つに絞られる。一九世紀後半の江戸東京とその近郊だ。それ以外は無理なこじつけか、はっきりいえば、嘘になる。桜の植生を知っていれば、誰でも簡単に出せる結論だ。

実際、二〇年前にほぼ全てわかっていた。ある程度詳しいDNA解析の結果が公表されたのはその少し後だが、大島桜と彼岸桜の交配というだけで十分だ。あとは、そのころの江戸東京で大島桜らしい桜があったことを当時の文献で裏づけできれば、決まりだ。

日本語圏ではそんな形で染井吉野の起源の話はおちついていったが、お隣の韓国では全くちがった展開を見せていた。韓国でもＤＮＡ解析はされていたし、日本語圏の研究の一部は英語で読めた。科学的知識それ自体の水準はほとんど変わらないが、それらも強引に解釈されるか、無視されて、「それでも染井吉野が日本から来たとはいえない」と語られつづけた（「[記者手帳]韓日のソメイヨシノ起源論争はなぜ終わらないのか」the hankyoreh JAPAN、2015/4/4、「米ワシントンに咲く冬桜、日本の緻密な戦略か」『朝鮮日報』日本語版、2015/12/28など）。「桜は美しい。だから自分たちの花なのだ」と。

　そこに私は、かつてよく目にしていた日本語圏の桜の起源論と似た何かを感じていた。

桜の三国志

　起源論の話にはさらに続きがある。日本と韓国だけでなく、中国にも飛び火したのだ。二〇一〇年代に入ると急速な経済成長とともに、中国でもあちこちに桜の名所が造られるようになった。それにあわせて、「桜の原産地はヒマラヤだから、中国こそが桜の起源だ」という語りも生まれた（「桜は中国で生まれ、日本で発展した。韓国はまったく関係ない――中国専門家」Record China、2015/3/30など）。

　たしかに桜の原産地はヒマラヤ山脈のあたりだろうといわれてきたが（→五章４）、ヒマラヤはヒマラヤでも南側、インド亜大陸の方だ。そうした土地の桜も「ヒマラヤ桜」として、今は日本でも見ることができる。

桜は寒冷地では育ちにくい。ヒマラヤ桜は秋に咲くが、それはヒマラヤ山脈の南麓が冬季でもある程度暖かく、つけた実が成熟できるからだ。それがより寒い土地へ拡がるにつれて、秋咲きから春咲きに変わったのではないか、といわれている。今から五〇〇〇万年以上前のことである。それを知っていれば、「中国こそが桜の起源だ」という語りが生まれることもなかっただろう。

中国語圏ではこうした「中国起源」説は専門家によって早めに否定され、ネットメディアにもあまり登場しなくなった。「植物としての桜はヒマラヤ原産だが、桜を鑑賞する文化は日本で長い時間をかけて育まれたものだ」という、史料の上でも裏づけられる事実が公式見解として語られた。その上で、染井吉野の「韓国起源」論を執拗に唱えつづける韓国語圏の語りが、揶揄をこめて紹介されたりするようになった（「桜の起源は日本である（1/2）＝中国専門家の「驚くべき」発言」「桜の起源は日本である（2/2）＝「韓国の主張は科学の精神に反する」」Record China 2015/4/2など）。

東アジアも曲がり角

当時の日本の社会は、急激な人口転換にともなう長期の不況に苦しんでいた。さらに二〇一一年の東日本大震災と福島第一原子力発電所事故という、二重の大災害にも見舞われた。「失われた二〇年」に沈んだままの日本、「停滞する日本／躍進する韓国」として意気あがる韓国、そして「アジアの新たな超大国」への途を歩み始めた中国。そんな二〇一〇年代の東アジアの雰囲気が、桜語りにも色濃く映し出されていた。

それが二〇二〇年代に入ると、再び大きく変わってきた。韓国も中国も人口転換の局面に入り、日本の後ろを追う形で、さらに急激な少子高齢化が進みつつある。人口が減少すれば、経済も成長できなくなる。産業化で本当にむずかしいのは、追いつくことではない。経済の競争力を保ちながら、社会を維持しつづけることだ。

かつて欧米が、そして日本がぶつかった課題に、東アジアの他の産業社会も直面しつつある。そのなかで韓国の新聞やネットメディアでも、染井吉野の韓国起源説が否定的にあつかわれるようになった。

二〇二〇年代半ばの現在は、そんな状況にある。

事実と語り

最初にはっきり述べておくが、私は染井吉野の韓国起源説をばかげていると考えている。科学的知識をゆがめているし、歴史の書き換えでもある。

ただ、それとともに、桜の花の「力」といいたくなるものを、やはりそこに感じた。ときには科学すら吹き飛ばしてしまうほどの、強烈な力を。冷静な判断をできなくさせるような、狂おしさに近い何かを。それは現在の日本語圏の桜語りにも見出される。

有名な桜の起源論をもう一つ、紹介しよう。

八重紅枝垂という桜がある。先ほどの桜巡りにも出てきたが、谷崎潤一郎の『細雪』や川端康成の『古都』でご存じの方も多いだろう。京都の平安神宮の桜として有名で、それを谷崎や川端が、京都を代表する桜として描いた。現在ではこの桜もあちこちで見かける。染井吉野のような品質管理はされていないらしく、咲く時期も花色もかなりばらばらだが、東京でも例えば千代田区の国立劇場前の樹は、うっとりするくらい美しい。

二〇世紀の桜語りでは「染井吉野は品がないが、八重紅枝垂は優美」などといわれてきたが、実はこの桜は一八九五(明治二八)年、京都で開かれた第四回内国博覧会の際に、仙台市長だった遠藤庸治から贈られたものだ。平安神宮はその会場だった。要するに、仙台育ちで、京都には応援にかけつけた桜だ。

文献で確認できるのもそれが最初になる。雑誌『櫻』や一五代目佐野藤右衛門の『桜花抄』(誠光堂新光社、一九七〇年)など、戦前の桜好きの人たちの文章でも、八重紅枝垂は新しい桜だと書かれている。贈り主の名前をとって「遠藤桜」とも呼ばれていた。

「里帰り」の伝承

　ところがその一方で「八重紅枝垂はもともと京都の桜だ」といわれることがある。仙台藩の初代藩主、あの伊達政宗が京都から持ち帰ったものが戻ってきた。韓国での染井吉野と同じように、「里帰りの桜だ」というのだ。例えば、「京都の桜守」として有名な佐野家でも、一六代目の佐野藤右衛門さん（一五代目の息子さんです）は『京の桜』などでそう解説している（一〇三頁、紫紅社、一九九三年）。

　こちらもかなり広まっているらしく、二〇二三（令和五）年四月にＮＨＫが放映した『みやびな京都　平安神宮の桜』でも、「伊達家は、京都ではわずかしか生育していなかった八重の桜をわざわざ選んだといいます」というナレーションが入っていた。「諸説あります」という字幕（テロップ）もなかったので、本当にそう信じていたのだろう。

　なかなかロマンティックな伝承だが、冷静に考えると、いろいろ辻褄があわない。

　最初に断っておくと、どこの生まれであろうとも、この桜は京都の景観や建物、寺社仏閣にとてもよく似あう。多くの人がそう書いているし、私もそう思う。でも、だからこそ、なのだ。だとすれば、もし本当に八重紅枝垂が京都生まれであれば、まず京都で愛好され、広まったのではないだろうか。

「里帰り」伝承でもそこは気になるらしく、「当時の京都では一重の桜が好まれていた」

などと断りが入る。『みやびな京都　平安神宮の桜』でもそう解説されていたが、これははっきり誤りである。

例えば一七世紀終わりごろに刊行された、宮崎安貞『農業全書』にはこう書かれている。「八重ざくらは異やうの物なりと兼好法師は書きたれども、今洛陽の名木奈良初瀬の花を見れば世塵を忘れ、忽に世の外に出でて仙境に遊べる心ちぞし侍る。されば、公武の貴人の弄べるはむべなり」（三〇二頁、岩波文庫、一九三六年）。

「しだれ桜」の取りちがえ

要するに、八重桜はむしろ京都や奈良の名物だった。この世のものと思えないくらい美しい花として、身分の高い武士や公家たちにも愛好されていたのだ。だから、もし当時の京都に本当に八重紅枝垂があれば、伊達家が目をつける前に、すでに大きな話題になっていたはずだ。

桜の歴史にある程度詳しければ、当然思いうかぶ疑問だろう。日本語版ウィキペディアでも、「ヤエベニシダレは「伊達家の桜」とも言われるが、榴岡公園（仙台市宮城野区）の「仙台枝垂（センダイシダレ）」の由来と混同されている可能性がある」と書かれている。よくまとまっているので、そのまま引用させてもらおう（https://ja.wikipedia.org/wiki/ヤエベニシダレ、

2024/10/16 閲覧)。

「元禄年間に第4代仙台藩主伊達綱村は、生母の三沢初子の霊を弔うため、現在の榴岡公園にあたる地に釈迦堂を建て、花色が白や薄紅で一重咲きのシダレザクラ1000本を京都から取り寄せて植えた。これらのシダレザクラは「仙台枝垂桜」と呼ばれ、江戸時代から現在まで桜の名所である」。つまり、仙台枝垂の方はその来歴が具体的にわかっており、植えられた場所が現在も桜の名所として残っている。

そして、「遠藤はこの榴岡公園にもヤエベニシダレを植えており、園内ではヤエベニシダレと仙台枝垂桜が混在しているため、ヤエベニシダレの普及と共に、ヤエベニシダレの由来が榴岡公園の仙台枝垂桜の由来と混同された可能性が提起されている」。

こちらの解説の方が正しいだろう、と私も考えている。(*) 科学的にも、これはある程度裏づけられる。

日本の桜の成り立ち

独立行政法人の森林総合研究所が代表的な桜の品種のDNAを調べて、図表にまとめている（森林総合研究所多摩森林科学園『桜の新しい系統保全［第三版］』三四頁、https://www.ffpri.affrc.go.jp/tmk/introduction/documents/3rd-chuukiseika5rev.pdf）。さまざまな桜のちがいを楽

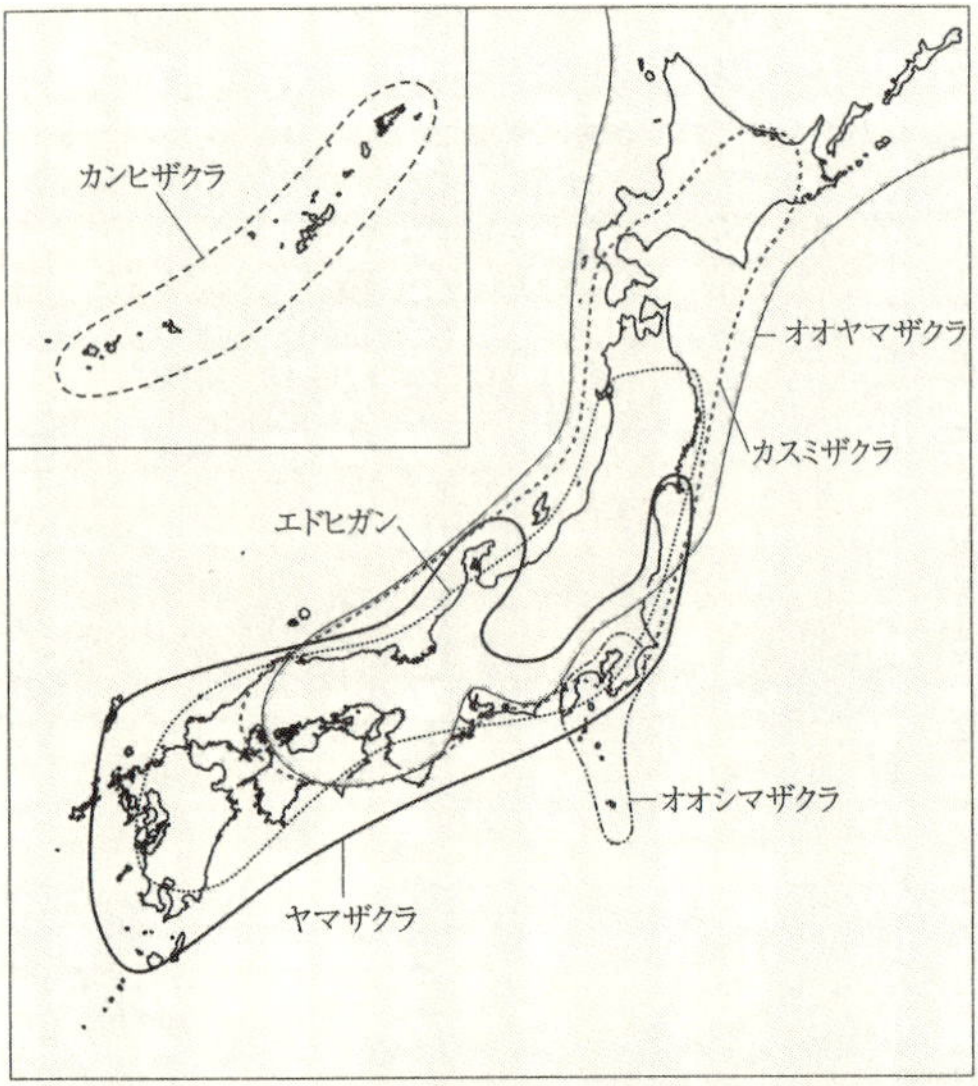

しみながら鑑賞できるだけでなく、「これは、どんな桜ですか？」と人から訊かれたときも、すぐ答えられるので、いつもありがたく使わせてもらっている。

　この遺伝子解析の結果から、八重紅枝垂と仙台枝垂がそれぞれどこから来たのか、推測できるのだ。

　まず桜全般の紹介もかねて、桜の種類について簡単に解説しておこう。

　桜には（1）自生種、つまり自然環境のなかで繁殖してきたものと、（2）園芸品種、つまり人の手で作られたか見出されたかして、その後は人工的に繁殖が管理されてきたものがある。八重紅枝垂も仙台

カンヒザクラ
オオヤマザクラ
カスミザクラ
エドヒガン
オオシマザクラ
ヤマザクラ

それぞれの地域の線引きは大まかなものである．オオヤマザクラは九州の高い山にも自生する．カンヒザクラは野生化したものという説もある．

図0－1

枝垂も園芸品種だが、(2)園芸品種は(1)自生種から何らかの形で生み出された。それゆえ、そのDNAを調べることで、どの自生種の遺伝子をどの程度引き継いでいるかがわかる。
(1)のうち、日本列島でよく見られてきたのは、オオシマザクラ(大島桜)、ヤマザクラ(山桜)、オオヤマザクラ(大山桜)、エドヒガン(彼岸桜)、カンヒザクラ(寒緋桜)の五つだ。それぞれの大まかな自生域は(二〇世紀後半では)**図0-1**のようになる(佐藤俊樹『桜が創

(＊)一五代目佐野藤右衛門は北海道・東北旅行の際に「……林五字造園をたずねた。林さんはこの地方の旧い地主であったが、趣味から植木屋になり、仙台の造園家として名をなした。仙台市の名桜として知られる八重紅枝垂桜は林さんの伯父なる人が接ぎ木増殖し、当時の遠藤仙台市長から各地に寄贈したもので、平安神宮のサクラもそれである」と書いている。その後、釈迦堂の桜にふれてから、塩竈神社で当時の権宮司や元仙台市長と交流したとあるが、そこでは八重紅枝垂にふれていない(『桜花抄』前掲一五九〜六一頁)。

「里帰り」伝承には「近衛殿(現御所の北辺の通りをはさんで北側)にあったものを津軽藩の藩主が持ち帰り、これが仙台に伝わったとされる」(海野泰男『文豪と京の「庭」「桜」』二四頁、集英社新書、二〇一五年)という別のヴァージョンもある。こちらではさらに、白の一重だった「近衛殿の糸桜」とも混同されているようだ。

った「日本」』七頁、岩波新書、二〇〇五年)。

また(1)のなかにカラミザクラをふくめることもある。これは中国では「桜桃(さくらんぼ)」が成る樹として知られ、日本には明治以降に入って来たといわれてきたが、平安時代の末期、保元の乱のときに左大臣だった藤原頼長の日記には、甘くて美味な「桜実」を贈られた、という記事があり、カラミザクラの果実(さくらんぼ)だと考えられる(↓一章3)。西日本の一部ではすでに栽培されていたようだ。

カラミザクラ(シナミザクラ)は厳密には自生種ではないが、日本の桜を解き明かす上でも重要な役回りをもってくる。心にとめておいてもらえると嬉しい。

京都の桜の由来

こうした解析によって現在では、仙台枝垂と八重紅枝垂は系統がかなり異なることがわかっている。仙台枝垂の方は主にヤマザクラと大島桜の交配にもとづく。桜の種類としては、「里桜(サトザクラ)」と呼ばれてきた園芸品種の一つだと考えられている。それに対して、八重紅枝垂は自生種である彼岸桜と共通する部分が大きい。彼岸桜の一種だといってよいくらいだ。

「サトザクラ」というのは京都生まれの伝統的な八重桜、より正確にいえば、江戸時代までに京都やその周辺で作られたか、見出された八重桜をさす品種でいえば普賢象、御車返(ミクルマガエシ)、御室有明(オムロアリアケ)、貴船雲珠(キブネウズ)などだ。

普賢象は現在までつづく桜の名前としては最も旧い。鎌倉時代までさかのぼるが、現在の普賢象とそれが同じものかどうかは確かめようがない。とりわけ普賢象に関しては、江戸時代後半に、そう呼ばれる桜の種類を変えようとした、「こちらの方が本当の普賢象だろう」と考えた人たちがそう仕組んだ。そんなおせっかいな回顧談まで残っている。かりにそうだとしても、現在の普賢象もまた京都の桜である。

御室有明はその名の通り、京都の西郊、御室の仁和寺の庭に咲いている桜だ。こちらはまさしく京都を代表する桜の一つで、毎年春になると、TVのどこかの番組に必ず出てくる。貴船雲珠は京都の北山、貴船の料亭「ひろや」の庭先に、鞍馬寺からもらい受けた桜として咲いていた。この二つはほとんど同じものらしい。

これらは全てヤマザクラと大島桜の交配にもとづく。品種によって組み合わせ方や程度のちがいはあるが、大きくいえば、どれも半分は大島桜が元になっている。大島桜は南関東沿岸にしか自生していない(→図0-1)。京都の伝統的な八重桜も元をたどれば、南関東の海沿いに起源の一つがあるのだ。

仙台育ちで仙台生まれ

仙台枝垂はそうした八重桜＝「サトザクラ」たちと同じく、主にヤマザクラと大島桜を交配したものだ。したがって、こちらは言い伝えどおり、京都から伊達家が持ち帰った桜だろう。少なくとも、その可能性が高い。

それに対して、八重紅枝垂は京都の八重桜とは全く別のものだ。仙台周辺は江戸時代から彼岸桜の名所だった。八重紅枝垂はおそらく、そこで新たに見出された変異種だろう。東京帝国大学教授で「桜博士」として知られた三好学も、現地調査の報告のなかで、「昔からの榴ヶ岡の桜でない」ことに注意をうながしている（「榴ヶ岡の櫻に就て」三好学『櫻』一九七頁、冨山房、一九三八年）。

あえて「生まれ」にこだわるならば、「仙台育ち」で「仙台（周辺の）生まれ」。そう考えてよい。明治以前からある桜で、その由来がこのくらい裏づけをとれるものはめずらしい。だから地元の人なら、むしろそういう桜として自慢した方がよいと思う。

起源を語ることのあやうさ

おそらく最初はただの取りちがえか、混同だったのだろう。ところが「遠藤桜」の美しさが評判になり、『細雪』や『古都』で全国的にも有名になった。谷崎や川端のような東京育ちの有名作家が、うっかり「京都を代表する桜」として宣伝してしまった。それにあわせて「里帰りの桜」伝承も創られ、広まっていったのではないか。

というわけで、染井吉野「韓国起源」説と同じような桜語りは、日本語圏にもある。桜の歴史にふれたり、調べたり、自分で考えたりするのは、こうした物語とつきあうことでもある。そんなとき、いつも思う。――どこで生まれたかとどう美しいのかを、なぜ結びつけようとするのだろうか。

八重紅枝垂は京都で生まれた桜ではないが、だからといって京都にふさわしくないわけではない。どこにあっても美しい桜だと思うが、少なくとも私が知る範囲でいえば、京都の建築物や風景に特に映える。

生まれた場所の近くで、桜は一番美しく咲くわけではない。生まれた場所の近くで育った人間が、その桜の美しさを最もよく受け取れるわけでもない。八重紅枝垂は仙台周辺で、染井吉野は東京周辺で、生まれたか見出された桜だが、どちらもどこでも美しい桜だと思う。

美しさの力と言葉の力

けれども、それでもやはり「こんな美しい桜だから、私たちの桜だ」といいたくなる。

その気持ちもよくわかる。知識を集めて考えて、そうではないとわかる。そんな経験を何回もしても、やはりそう考えてそう書きたくなる。私自身でいえば、むしろそうしないために、知識を集めて考えているところさえある。

桜の美しさには、そういう力がある。あるいは、美しいものにはつねにそういう力があるのかもしれないが、とりわけ桜にはそういう力があるように思う。冷静に考えるのを停めてしまう、ただ眺めているだけで何か物狂おしくさせる、圧倒的な力が。そうした力に自分をさらすことなく、桜の美しさを感じて、受け取ることはできないのかもしれない。

だからこそ、なのだ。そのような力にただ身を委ねるのではなく、もう少し言葉をあたえたい。桜の圧倒的な美しさがどんなものであるのかを、もう少し解き明かしたい。

そうした力や美しさが科学で解明できると考えているわけではない。脳科学や神経ネットワークの研究が進めば、今よりもさらに迫れるだろうが、それで全てがわかるとは思えない。そうした力や美しさが消え去るべきだとも思わない。それらは人類が地上に出現したときからあっただろうし、今もあるし、これからもあるだろう。これまでも、これからも、私たちの身近にあり、私たちとともにありつづけるだろう。

だからこそ、それらにもう少し、より良く言葉をあたえたい。論理と知識でその姿を明確にしたい。もっとよい形で、それらとともに生きていくために。そのためにこの本では、桜が「さくら」と呼ばれるようになってからの、おそらくは一万年以上の時間をたどり直し、日本だけでなく東アジア全域の空間を巡りながら、日本の桜がどのようなものなのかを明らかにしていこう。

小難しい言い方になったが、要するに、根拠のない観念や語りの呪縛から解き放った方が、桜はきれいに見えるし、その美しさもより楽しめる。それが知識や言葉の最も筋のよい使い方だ、と私は考えている。(*)

楽しむことと知ること

そんな考え方で本書は書かれている。

(*) 桜に関する科学的な知識をわかりやすく解説したものとしては、勝木『桜の科学』前掲が最もよい。手軽に読めるものでは最新でもある(二〇二四年現在)。実在する桜に関わることを語ったり書いたりする場合には、少なくとも現状では必読文献だと思う。

近田文弘『桜の樹木学』(技術評論社、二〇一六年)もお奨め。植物分類などでは勝木前掲とは少し異なる立場をとっており、その点でも参考になる。読み比べて同じことが書いてあれば、信頼性が高いからだ。こちらもカラー版で、解説の図もふくめてわかりやすい。勝木前掲と同様、桜関連の画像もきれいで、ただ眺めているだけでも幸せな気分になれる。

ここでは日本語で「さくら」と呼ばれてきた花をとりあげて、それらがどう見られてきたか、どう語られてきたかに注目して、桜と人々との関わりを考えていく。そこでも「さくら」と呼ばれてきた植物の、植物としての特性は重要になってくる。

二〇世紀の桜語りでは、意外なくらいこの点は無視されてきた。「さくらを愛する」といいながら、語り手の一方的な思い込みが語られてきた。例えば、八重紅枝垂がどこから来たのかは、DNA解析である程度解明できるし、八重桜の名前から読み取れることも少なくないが、その手前で止まってしまう。

「日本の自然」や「日本の伝統」が熱く語られることも多いが、現生人類が日本列島にやって来たのは今から約四万年前だ。そのとき、そこにはもう桜は咲いていた。それに対して、水田耕作が九州北部で始まったのは三〇〇〇年前である。

桜と稲は全くちがう歴史をもつ。にもかかわらず、二つを強く結びつけてしまう。さらに、医学や化石燃料がない時代に春の到来がどんなものだったのか、例えばその喜びが怖れでもあったことも、ほとんど忘れ去られているようだ。

桜以外の花に対する関心の薄さも目立つ。例えば桜の花の咲き方が桃や梅とどうちがうのかを知るだけで、桜の花を鑑賞する文化が日本語圏だけのものではないことも、そして「さくら」や「桜」という言葉が何をさし、どんな意味をもってきたのかも、もっと見えてくるが、これらも長い間、誤解されてきた。

　もちろん桜をただ見て楽しむ上で、知識は要らない。ただ見て楽しめば、それで十分だ。けれども「桜は……」とか「桜とは……」と語るのであれば、桜とは何かを知ることも大切だと思う。言葉は私と他の人を、人と人とをつなぐ回路だからだ。そこでは一人だけの思い込みを超えることも求められる。

　そして何より、桜とは何かを知ることで、桜をさらに楽しむことができる。**日本の花々のなかでなぜ桜が特別なのか**、そして**日本のさくらの独自性がどこにあるのか**も、むしろそこから見えてくる。

新たな旅へ

　本書はその一つの試みである。そのような視座から、桜をめぐる時空を訪れてみようと思う。

　私にとっては二度目の旅になる。最初の旅は『桜が創った「日本」』（前掲）だった。それから二〇年。年々歳々花相似たり、歳々年々人同じからず、というが、この二〇年の間に、花も人も大きく移り変わってきた。最初に述べたように、日本の桜は今、大きな転換期にある。一〇〇年近くつづいた、白を基調とした一重の花を中心とした桜の春から、多彩さも一重も八重も楽しむ桜の春に移りつつある。

そのなかで桜を語る言葉、つまり桜語りもまた、変わりつつあるのだろう。

現在の桜語りの多くは昭和や平成生まれの、二〇世紀の桜の春をあたりまえに感じていた世代による。「本場だから美しい」「自然だから美しい」「本物だから美しい」。そんな観念先行型の桜語りになりやすいのも、二〇世紀の桜の春の特徴である。

最初の旅では染井吉野の起源をたどり直すことで、そうした語りができあがる過程を描いた。日本の桜は「自然／人工」の対比では語れない。そんな観念をふり回していると、かえって桜を楽しめなくなる、と。二〇世紀の桜語りになじんできた私がそう書くことになったのも、今から思えば、二一世紀の桜の春への転換が始まっていたからなのだろう。

だとすれば現在、つまり二一世紀も最初の四半世紀を過ぎた現在では、どんなことがさらに見えてくるのか。多彩で多様でゆるやかな桜の春のなかで、日本の島々だけでなく、東アジア世界を包み込む広がりのなかで、何が見えてくるのだろうか。新たな桜をめぐる、新しい旅をこれから始めよう。

【本書の要約と読み方】

全ての文化がそうであるように、花の文化も長い時間をかけて積み重ねられてきた。その上、花は動物の関心を引く方向で進化したものが多く、人間の注目も集めやすい。種子や枝の形で運びやすいこともあって、空間的にも広い範囲で交流をもつ。

そんなわけで日本語圏の桜の成り立ちやあり方を考えるには、一万年以上の時間と東アジア全域にわたる空間を見ていく必要がある。本書でもそうなるが、かなりの時間と空間を横断して話が進んでいくので、途中で迷うこともあると思う。

そこで最初に、本書の内容を簡単に要約しておく。地図代わりに一回読んでおくと、よりわかりやすくなるが、ここで理解してもらう必要はない。このくらいの時間と空間を旅するのだなあ、と見当がつけば十分だ。

また、各章や各節を順番に読む必要も特にない。興味のある時代やテーマのところだけ、読んでもらってもかまわない。桜をめぐっては、事実と異なる思い込みや断定、誤解が今なお多い。だから一つの節だけでも、初めて知ることがあると思う。

桜の種類や有名な品種名の由来、語源と字源、詩歌での詠われ方、桃や梅などの他の春の花々との関わり、生態系での位置、稲との関係など、しばしば話題にあがることに関しても、できるだけ信頼性の高い知識を集めたので、**桜の百科事典**のように読んでもらってもよい。

それによって、桜の花も（そして桜の実も！）もっと自由に、もっと楽しめると思う。

第一章では序章をうけて、新たな桜の春の一つ前、二〇世紀の桜の春と桜語りにふれてから（一章1）、主に言葉の面から桜の歴史をたどっていく。「桜」はさくらを表わす漢字だが、戦後の日本では「中国では桜は咲いていない」、あるいは「咲いているが見られていない」といわれてきた。実際には、**中国語圏では桜の実も花も長く愛好されていた**（一章2〜3）。杜甫や白居易のような有名な詩人によっても詠われている。一方で日本語の「さくら」の語源は「咲くもの」で、**日本語で遡れるかぎり、桜は見られてきた**（一章4）。

にもかかわらず、日本語最古の歌集である『万葉集』では、梅の歌が桜の歌の二倍以上ある。そのため、奈良時代には中国の影響で梅が愛好されたが、平安時代になって日本的な文化のなかで桜が愛好されるようになった、という「梅から桜へ」交代説が唱えられた。今なおネットやTVでよく語られるが、これは根拠ない空想なのである。

では、なぜ平安時代から桜が詩文でよく詠われるようになったのか。そこには東アジア全域にわたる花の文化の大きな変化がある。第二章と第三章ではそれを見ていく。

中国語圏を代表する春の花は梅ではなく、桃である（二章1）。**「実も花も」**鑑賞される桃は、生と再生の象徴として愛好されてきた。その伝統に梅の花は新たに加わる。「令和」の元号の出典となった『万葉集』の梅花の宴の歌群は、そうした展開をふまえたものだった（二章2）。

そこに全く新たな、「**花だけ**」の花が登場してくる。牡丹だ（二章3）。牡丹に代表される「花だけ」を鑑賞する文化は八世紀前半に、唐王国の首都長安で本格的に姿を現わす。

それは中国の花の文化の伝統ではなく、北方の遊牧民や西方のシルクロードからの影響をうけて新たに生まれた（三章1）。その波が東アジア各地に伝播していくなかで、牡丹と等価な花が独自に見出されていく。海棠（カイドウ）や仏桑華（ブッソウゲ）、刺桐（デイゴ）などがそうだ（三章2）。そうした**東アジアの花の環**のなかで、桜も「花だけ」の花として詠われるようになるが、日本語圏で「咲くもの」として長く見られてきた桜は、それによって圧倒的な重みをもつことになった（三章3）。

第四章と第五章では、そうした日本の桜のあり方と意味づけを、生態系などの関わりから跡づけていく。人間が日本列島に来る前から、桜は咲いていた。いわば生態系の先住者として、三〇〇〇年前に渡来した稲とは全く異なる時間を生きてきた。水田で生きる人々にとって、そんな桜はよそよそしい外部だったが（四章1）、やがて桜の方が新たな侵入者たちに適応して近づくことで、身近な「外」になる（四章2）。それでも人間の世界に完全には包摂されず、「外なる内」として境界的な存在でありつづけた。桜の花は愛されるとともに、鎮められるべきものであった（四章3）。

はるか昔から**「咲くもの」だった桜が「花だけ」を鑑賞する文化と接続することで、春の花のなかでの圧倒的な重みという量的な面と、「外なる内」として意味づけられるという質的な面の両方で、特異な性格をもつことになった。**そこに日本語圏の桜の独異さがある。

そうした桜は中世まで、人間の世界を破る畏しさと異域的(エキゾチック)な香りを強くまとっていた（五章1）。それが江戸時代になって平野部の開発が進み、大きな都市が発達するなかで、生態系の上でも空間的にも外部が退いていく。それにあわせて、桜も「外」の性格を薄めていった。日本に固有な花として内部化され、**「正しい」桜の序列化**が始まる（五章2）。

明治になって空間的な外部との交流が再び始まってからも、その傾向はあまり変わらなかった（五章3）。むしろ戦後になって、特定の桜を「正しい」桜とする同心円が定着し、中国の「桜」は桜ではない、例えばユスラウメだ、とされていく（五章4）。二〇世紀の桜の春と桜語りは、そうした観念の上に創り出された。

それが一〇〇年ぶりに大きく変わりつつある。序章で述べた二一世紀の、多彩で多様な春。それが桜の時空をめぐる旅の終点でもある。**「真正な桜」探しの呪縛から解かれ、「外なる内」という性格を取り戻しつつある。**そこに現在の、二一世紀の日本の桜の春がある（終章1）。私はそう考えている。

第一章

「さくら」と「桜」

1　春の輪舞

桜の虚実

二〇世紀の桜語りではさまざまな伝説が創られ、信じられてきた。序章でもいくつかみてきたが、その一つに「染井吉野には実が成らない」というのがある。これも一時期までかなり広まっていたが、実際には染井吉野にも実は成る。葉の陰で目立たないが、黒く小さな実がつく。

　多くの桜には自家不和合性という性質があり、遺伝子が近い樹の間では受精しにくい。染井吉野もそうで、接ぎ木で増殖されてきた。そのため、ちがう樹でも遺伝子が同じ、つまりクローンになっている。だから染井吉野同士の間では実は成りにくいが、そうでない桜との間ではふつうに実が成る。

「クローン」とカタカナ書きすると、変な方向で想像力が働くようだ。「染井吉野はクローンだから……」という話もやはり一時期いろいろ語られたが、接ぎ木による増殖や品種改良は長い歴史をもつ。地中海世界（南ヨーロッパと中東、北アフリカ）や中国などでは、紀元前から知られていた。日本でも平安時代初めの『延喜式』に出てくる（竹下大学『日本の品種はすごい』中公新書、二〇一九年など)。昔からある、伝統的な技術だ。

そもそも植物と動物では「個体」のあり方がかなりちがう。「クローンだから、どうこう」という話のほとんどは、植物である桜に、動物とりわけ人間の常識を押しつけたものにすぎない。

本当は実が成る

染井吉野は並木で植えられることが多く、春になるとあたり一面が薄い白桃色に染まる。そんな景色をよく見かけるが、そこでも、染井吉野だけというのはめずらしい。これも接ぎ木で増やされてきたことによる。

接ぎ木では殖やしたい木の枝を別の木の枝や株(台木)に接ぐが、接がれた方の遺伝子の方が交ざることがある。染井吉野では、接ぐ台木にはマザクラが使われる。マザクラは桜の接ぎ木によく使われる桜で、大島桜とカラミザクラの交配種だろうと考えられている。

この場合、多くは染井吉野になるが、いくつかは大島桜になる。若木のときはどちらなのか区別しにくいので、そのまま出荷されて植えられる。花が咲くようになって、白い大きな花とあざやかな緑の葉をつけて、大島桜だとわかる。そんな形で染井吉野並木のなかにも別の桜が混ざる。

だから本当は、染井吉野に実が成る姿は簡単に見つけられる。にもかかわらず「染井吉野には実が成らない」という語りが広まった。先ほど偉そうに書いたが、正直に告白すると、最初にこの話を聞いたときは、私もすっかり信じ込んで、他の人に何回も話した。おかげで、あとでとても恥ずかしい思いをした。

二〇世紀の桜語り

これも二〇世紀の桜の春ならではの失敗談だ。

桜を見ているようで、見ていない。実際の桜をよく見ないまま、思い込みや観念を投影して、「桜は××だ」と断定してしまう。そんな桜語りを代表する文章をあげておこう。

日本の人間の感情の昂揚は、しばしばこのような突発的な猛烈さにおいて現れた。それは執拗に持続する感情の強さではなくして、野分(のわけ)のように吹き去る猛烈さである。……さらにそれは感情の昂揚を非常に尚びながらも執拗を忌むという日本的な気質を作り出した。桜の花をもってこの気質を象徴するのは深い意味においてもきわめて適切である。それは急激に、あわただしく、華やかに咲きそろうが、しかし執拗に咲き続けるのではなくして、同じようにあわただしく、恬淡(てんたん)に散り去るのである。

かつては教科書や参考書でもよく見かけた、有名な文章だ。和辻哲郎『風土』の一節である（二〇二〜〇三頁、岩波文庫）。私が初めて読んだのも塾の教材だったが、そもそもここでいう「桜」とは何なのだろうか。

この文章は一九二九（昭和四）年に書かれている。当時、和辻は京都に住んでいたが、京都でも東京でも、明治の桜の景観はまだかなり残っていた（↓序章1）。三月初めに咲く彼岸桜も、五月初めまで咲きつづける八重桜も、あちこちで目にすることができた。実際には一か月以上、彼は桜の花を見ていたはずである。

桜の花があわただしく咲き、散っていたわけではない。人間の方がその間だけ桜に目を向けていた。二週間あまりの期間だけ、桜を「桜として」見ていた。そういう人が書いた文章だ。

観念で語られる桜

「染井吉野には実が成らない」話と和辻の『風土』はよく似ている。どちらも、染井吉野やヤマザクラが咲く二週間あまりだけ、桜に関心を向ける。そんな習慣から生まれた誤解、というか思い込みによるものだが、それに気づかないまま、「桜は××だ」という観念に仕立てている。
　こうした語り方は思想や政治的な立場をこえて、広くみられる。例えば、近代化と桜の関わりをとりあげた大貫恵美子『人殺しの花』でも、こんな風に書かれている（五四頁、岩波書店、二〇二〇年）。

　桜の花は、田舎・都会を問わず、日本人のほとんどが愛し、楽しんできたものである。華々しく咲く満開の桜は、春のはじめに南から開花し始め、「桜前線」がだんだんと北上して、日本人の活力を示すように日本列島全体を覆いつくす。……花の命も短いのだが、それがかえって開花を待ち望む思いを昂進させることになる。桜の下で踊り、歌い、面をかぶって飲み食いすることで、文字通り桜の美しさに陶酔するのである。

　先ほどの『風土』と同じで、花の命が短いわけではない。桜の花に関心を向ける期間が短く、かつその間に咲く特定の桜を見ているだけだ。その背後には、そうした桜を「正しい」桜／そうでない桜を「正しくない」桜だとする桜の序列化があるが、これについてはまた後でみていくことにしよう（→第五章）。

梅なのか桜なのか、それが問題だ

二〇世紀の桜語りはそんな形で、桜と日本人の関わりを語ってきた。そのなかで、つねに頭の痛い問題になっていたことがある。わかりやすくいえば、とても「都合が悪い」事実が一つあった。

それは『万葉集』に出てくる梅の歌と桜の歌の数だ。ご存じの方も多いだろうが、簡単に紹介しておく。

『万葉集』は奈良時代の終わりごろに編纂された歌集である。日本語で書かれた最も旧いテクストの一つだが、そこには桜はあまり多く出てこない。川口小夜子・目加田さくを『花萬葉』(海鳥社、一九九七年)によれば(あ、この本は写真も文章も感じが良く、お奨めです)、第一位はハギで、一四〇首(題詞などをふくむ)。第二位は梅で、一一九首。第三位はタチバナで、七四首だ。季節ごとでいえば、秋の花の第一位は萩、夏の花の第一位は橘、そして春の第一位は梅になる。

それに対して、桜が出てくるのは四三首。春の花では他にはツバキが一一首、アシビが一〇首、ツツジが九首、桃が七首、李が一首。数え方によって少し増減するが、基本的な傾向はかわらない。

桜が梅より出てこない、というだけではない。梅以外の花に比べても、桜が特に多いわけでもない。奈良時代には「春は桜」ではなかったのだ。だとすれば、「桜の花をもって」日本人の「気質を象徴するのは……きわめて適切である」とはいえなくなる。

そこで思いつかれたのが「梅から桜へ」交代説である。これにもいろんな版(ヴァージョン)があって、少しずつ話がちがう。そこでもう十分にあやしげだが、今はおいておこう。共通する筋書きだけを切り出すと、次のようになる。――奈良時代には中国の影響で一時的に梅がよく見られたが、その影響が薄まるにつれて、桜が愛好されるようになった。

そんな風に日本の桜の歴史が語られてきた。

「梅が桜に代わった」?

これも代表的なものを一つあげておこう(並木誠士「日本人と桜」『桜さくら』一三頁、青幻舎、二〇〇六年)。

平安時代以前には桜よりも梅の方が鑑賞の対象になっていたのです。……

奈良時代には中国にならった法律や諸制度があらゆる面で規範となっていました。文化の面でも同じでした。それが次第に自分たちの実情・気持ちに合うものを求めるようになってきて、日本的な文化が形成されてくるのです。そのうちのひとつに桜との結びつきがあります。中国では花といえば梅でした。中国伝来の梅の愛玩は、平安時代になると次第に桜への愛好へと変わってゆきます。

やはり懐かしい香りがする文章だ。学校や塾で習う歴史でよく出てきた、「国風文化の誕生」の話である。

実は現在では、こんな風に教わることは少ない。歴史学での「国風文化」のとらえ方自体が大きく変わっているからだ（吉川真司編著『シリーズ古代史をひらく　国風文化』岩波書店、二〇二一年など）。けれども、いったん滲みついた「常識」はなかなか抜けないらしい。例えば二〇二四年三月にＮＨＫで放送された、『光る君へ千年の桜』というＴＶ番組でもこんなナレーションが入っていた。

奈良時代の花見の定番というと梅。……中国から伝わった梅がハイカラなものとして珍重されていました。

それを一変させたのが……嵯峨天皇。８１２年、天皇主催の桜の花見を初めて京都で行ったのです。これをきっかけに貴族の間で桜を邸宅に植えるのが流行。平安時代に編さんされた「古今和歌集」では梅と桜の歌の数は大きく逆転します。桜70首梅18

首……京の都は桜の都となったのです。

『みやびな京都　平安神宮の桜』と同じく、「諸説あります」の字幕なしで語られていた。これにはさすがに、おーい、だいじょうぶですか、と思わず空を仰いだ。

梅も見てきた日本人

具体的な事実でいうと、嵯峨天皇が花宴を始めたことと、一〇世紀初めに編纂された『古今和歌集』では、桜と梅の数が逆転することはその通りだが、それ以外は控え目にいっても、かなりあやしい。

まず、「梅から桜へ」交代したといわれると、梅の花が見られなくなったと思われやすいが、実際には平安時代にも愛好され、鑑賞されつづけた。文化史の上でも、嵯峨天皇の時代は中国の皇帝の服装を正装に取り入れるなど、中国文化の影響が最も強まった時期の一つとされる（佐藤全敏「国風文化の構造」吉川前掲、小塩慶「〝唐風文化〟から「国風文化」へ〟は成り立つのか」有富純也編著『日本の古代とは何か』光文社新書、二〇二四年など）。

その一方で奈良時代の漢詩集『懐風藻』でも、天皇が出席する春の宴の場や貴族の邸宅の庭に、桜が咲いていていたことは確認できる。「一変させた」というのは、いくらなんでも言い過ぎだろう。

平安時代になってからも、桜ほどではないが、和歌でも漢詩でも梅はよく詠われている。江戸時代の日記類をみても、あちこちに梅見に出かけている。梅の名所もたくさんあった。明治以降、つまり日本近代に入ってからも、梅はさかんに見られていた（有岡利幸『梅I』法政大学出版局、一九九九年など）。

例えば、第二次大戦前の桜の知識や桜語りを知る上で、最も重要な資料は雑誌『櫻』である。桜の愛好者たちが集まって創刊されたもので、植物学的な解説から天然記念物の紹介、名所探訪や花見の回顧、桜に関する歴史や文芸の紹介・解説などが載っている。桜尽くしの百科事典みたいな雑誌で、読んでいるだけで楽しいが、雑誌『櫻』は雑誌『梅』の創刊を受けて始まった。梅の方が先で、桜は後追いだったのである。

見られる花としても、語られる花としても、一九世紀まで梅は人気もの（ポピュラー）だった。日本語圏で梅があまり見られなくなるのは、大正から昭和の初めにかけて、つまり二〇世紀以降だ。梅を鑑賞しなくなるのはここ一〇〇年余りの、むしろ新しい変化であり、それ自体が二〇世紀の桜の春の一部なのである（→四章3）。

ている。

梅は「ハイカラ」ではなかった

梅は奈良時代か、その少し前に中国から渡来した、という話も現在では完全に否定されている。

例えば、梅の樹や木片は弥生時代の遺跡からも発掘されている。梅の原産地は中国、それも長江流域だろうと考えられているが、日本列島にいつ渡来したのかは、まだつきとめられていない。弥生時代にはすでにあった、といえるぐらいだ。

そのくらい前から、日本にも梅はあった。奈良時代の人たちにとっては、桜も梅も昔から咲いている花だったのである。「梅は中国から渡来した」と聞けば、むしろびっくりしただろう。

だから、ハイカラな梅が珍重されて、さかんに詠われたわけではない。「縄文時代から日本にあった桜に対し、先進国中国の香りを文字通り馥郁と伝える梅は、奈良朝の知識人の異国趣味をかき立てた」（山本淳子『平安人の心で「源氏物語」を読む』一八九頁、朝日選書、二〇一四年）のではない。昔からある梅と桜が、ある時期から歌の主題になるようになった。梅の花がハイカラだったのではなく、梅や桜の花を詠うことが奈良時代にハイカラになったのだ。

独自性はどこにある？

　桜の方からみれば、さらに重要なことがある。奈良時代には桜があまり見られなかったわけではない。奈良時代でも、桜はよく見られていた。いやそのはるか前から、それこそ日本語で遡れるかぎり、日本で桜はよく見られてきた。そう考えられる。

　そして中国でも昔から桜の花は鑑賞され、詩文に詠われてきた。「桜を邸宅に植える」でいえば、嵯峨天皇と同じ時代、九世紀前半の中国では長安や洛陽の宮殿や豪邸だけでなく、地方都市の長官の官舎の庭にも桜の樹が植えられて、花見を楽しんでいた（→一章2）。桜の花見は日本だけの文化でもなければ、和風の趣味でもない。

　いや、それどころか、平安時代の文学といえば『枕草子』や『源氏物語』が必ず出てくる。日本文学の代表作でもあるが、その作者である清少納言や紫式部は、中国で桜の花が見られていることも知っていたはずだ。桜の花を見る習慣は日本語圏だけのものではなく、そして日本語圏だけのものではないことを当時の人々は知っていた。

　桜の虚実でいえば、これこそが最も大きな虚実だろう。二〇世紀の桜語りでは「桜の花を見るのは日本に固有な文化で、平安時代から始まった」と広く信じられてきた。それは事実ではなく、壮大な思い込みなのである。

「さくら」と「桜」、二つの言語圏でそれぞれサクラを表わす言葉の歴史を遡ることで、そのことは明らかになる。**日本語圏の桜のどこが本当に独自なのか**も、むしろそこから見えてくる。

2 「桜」の歴史

ウメかサクラか

まず中国語圏の「桜」からみていこう。

現在の中国語の「桜」は、日本語の「さくら」とほぼ同じ意味で使われるが、これがもともとどんな植物なのかに関しては、長い間、二つ説があった。ウメの一種であるユスラウメと、サクラの一種であるカラミザクラ（シナミザクラ）だ。[*]

ユスラウメは現在の日本でも、庭木や鉢植えの植物として栽培されている。三月下旬〜四月上旬に咲き、六月下旬〜七月上旬に小さな紅い実が成る。食べると少し甘い。

カラミザクラは「実桜」という名からわかるように、食用のさくらんぼがとれるサクラだ。日本では三月上旬に咲き、五月中旬ごろに実が成る。

現在、店頭で売られているさくらんぼはほぼ全てセイヨウミザクラの実だが、以前は日本でもカラミザクラの実がさくらんぼとして売られていた（↓五章3）。セイヨウミザクラが山形県など比較的寒い土地で育つのに対して、カラミザクラは「暖地桜桃（だんちおうとう）」とも呼ばれ、主に九州や近畿地方で栽培されていた。

植物学やネット上の解説では、今でも「中国の「桜」はユスラウメだ」とされていることが多い。「「桜」はユスラウメで「桜桃」はカラミザクラだ」とするものもある（↓五章

（＊）　核のＤＮＡを用いた遺伝子の系統解析によれば、サクラと（ウメ＋ユスラウメ＋モモ）が分かれ、（ウメ＋ユスラウメ＋モモ）が（ウメ＋ユスラウメ）とモモに分かれ、（ウメ＋ユスラウメ）がウメとユスラウメに分かれる（近田前掲二二頁）。日本語圏の植物分類学では二〇〇〇年代まではユスラウメはサクラ属に分類されていたが、二〇一〇年代以降はサクラ属以外に分類されることが多い。五章4参照。

サクラの方は、ヤマザクラやカンヒザクラなどをふくむ群と彼岸桜の群に大きく分かれる。本書でいう「サクラ」もこの二つの群をあわせたものにあたる。葉緑体のＤＮＡによる系統解析では、カラミザクラもここにふくまれる（Feng, Y. et al., "Characterization of the complete chloroplast genome of the Chinese cherry *Prunus pseudocerasus*（Rosaceae）," *Conservation Genetics Resources* 10（1）, 2018）。

4)。それに対して、文学研究では、カラミザクラ説の方が有力になりつつある（市川桃子『中國古典詩における植物描寫の研究』汲古書院、二〇〇七年など）。

「桜」とサクラ

私もカラミザクラの方がより正しいと考えている。正確にいえば、中国語圏の詩文に出てくる「桜」は、

（1）主に「桜桃」と「山桜」という二系統の表現が使われる。
（2）「桜桃」も「山桜」も見た目は日本のさくらに近い。具体的にいえば、「桜桃」は小花柄の長さと花つきのゆたかさというサクラ属の特徴を共有する。「山桜」も花つきがゆたかで、やはり小花柄が長いと考えられる。
（3）「桜桃」も「山桜」も桃や李、梅などと同じく、春の花の一つとして鑑賞されていた。「桜桃」は多くの場合、果樹でありかつ花も鑑賞された。「山桜」は果樹ではなく、純粋に見られる対象であった。

（1）はともかく、（2）や（3）は意外に思えるかもしれない。現在の中国では、染井吉

野など日本生まれの桜の品種が「桜花」として鑑賞されることが多い。そのため、「中国では桜の花は見ていなかった」「桜は咲いていていなかった」と思われがちだが、実際には昔からサクラ属の花は鑑賞されていて、その樹を「桜」と呼んでいた。「桜」はサクラだったのだ。現在でも開封市などでは、公園に植えられている。

なぜそれがウメの一種だとされるようになったのかは、第五章であらためて解説するが、ユスラウメ説は江戸時代に生じた、ある初歩的な誤解から来ている。それが急速に広まり、信じられるようになったのである。

この点だけでも、中国の「桜」がどんなものなのかは、日本の桜はどのようなものなのかと深く関わっているのがわかる。それ以外の面もふくめて、日本の桜の特徴を知る上で、中国の「桜」は重要な意味をもつ。それゆえ、少し詳しく解説しておこう。

「梅は河を渡れば……」

「桜」や「梅」にかぎらず、中国語圏の植物全体にあてはまることだが、黄河流域の「華北」と長江流域の「華中」ではそのあり方がかなり異なる。

例えば、華北の主食は麦やアワで、華中の主食はコメだ。これは稲（水稲）がある程度暖かく、降水量も多い環境でよく育つことによる。それに対して、より寒くて雨が少ない

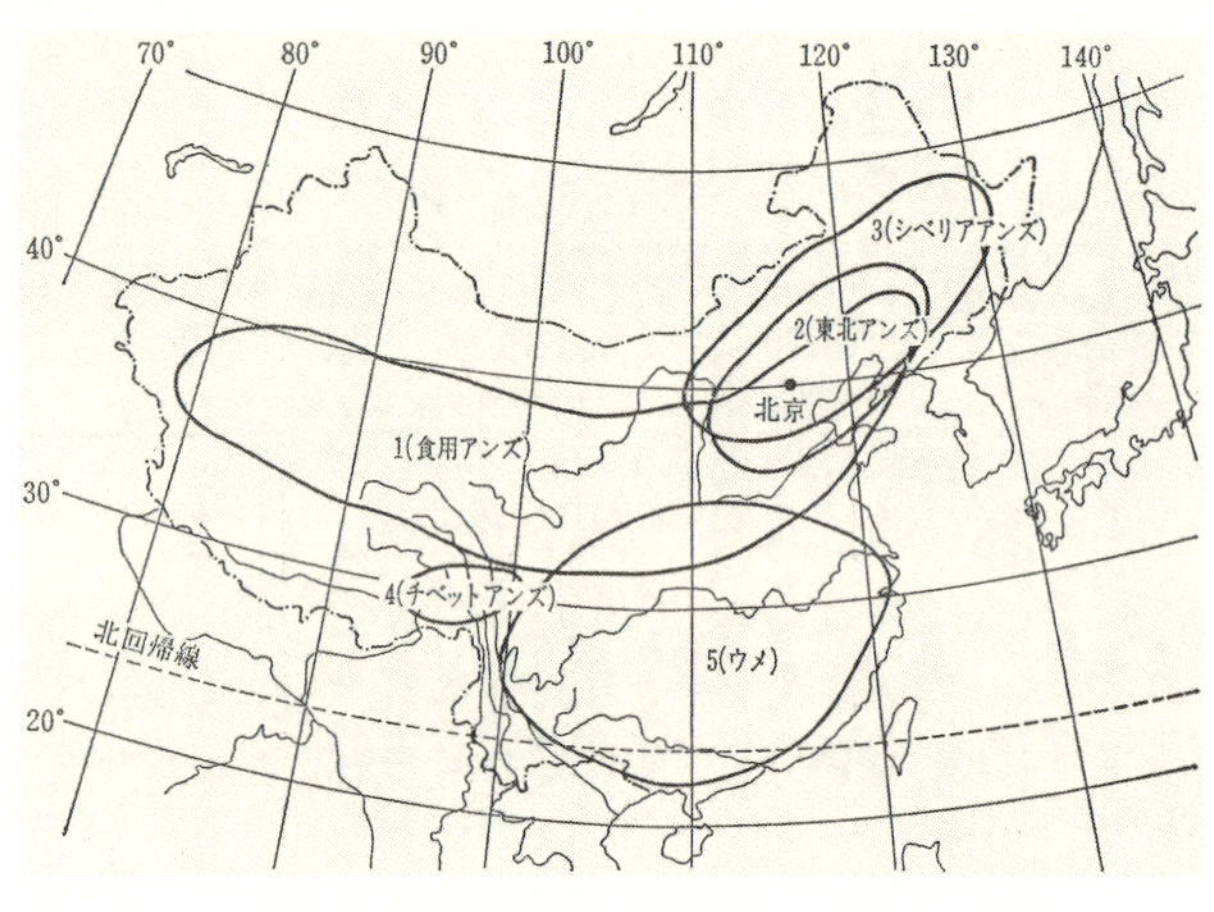

図1－1

黄河流域では、小麦が主な穀物になっている。

花にも同じことがいえる。例えば「梅(ウメ)は河を渡れば杏(アンズ)に変わる」ということわざがある。日本語では「環境によって人間は変わる」喩えとして使われるが、もともとは「河」＝黄河の南と北のちがいを具体的に表現したものだ。

梅は長江流域が原産地で、温暖な地域で咲く。例えば現在の北京でも、暖房された室内や温室でないと、きれいな花は咲かない。それに対して、杏は比較的寒い地域でも咲く（**図1－1**、小林章『文化と果物』八六頁、養賢堂、一九九〇年、原図は兪徳浚編著『中国果樹分類学』、一九七九年より）。

もちろん、どちらの地域でも咲く花もあ

るが、どちらかでしか咲かないものも多い。数百年単位の長期気候変動や人間による品種改良にも影響されるので、一概にはいえないが、黄河流域と長江流域では植物のあり方がかなり異なる。東アジアの花の歴史にも大きく関わるので、これもおぼえておいてもらえるとありがたい。

「桜」もその一つで、主に長江流域で咲いていた。このあたりの気候は日本でいえば、西日本や、東日本でも東京湾や仙台までの太平洋沿岸に近い。植生でいえば常緑広葉樹林、いわゆる「照葉樹林帯」にあたる。実際、一九世紀になって欧米の植物学者が調査するようになると、ヤマザクラや彼岸桜に近い桜があちこちで見つかっている（"CERASUS," *Flora of China 9*, 2003, http://flora.huh.harvard.edu/china/PDF/PDF09/Cerasus.PDF）。

日本からの旅行者も、彼岸桜に近い種類の桜を見たことを報告している（→一章3）。近年の調査研究でも、これは裏づけられる（勝木前掲一五九〜六〇頁）。

中国と日本の時代区分

これからしばらく日本と中国の歴史を両方みていくので、それぞれどの時代が対応するのか、わかりやすくまとめた年表をあげておこう（**図1-2**、佐藤全敏前掲二七頁より）。特に重要なのは南北朝が隋によって統一され、それを受け継いだ唐の時代で、日本では飛

六朝文化	南北朝時代	500	古墳時代	
	隋	600	飛鳥時代	飛鳥・白鳳文化
初唐文化	唐	700	奈良時代	天平文化
盛唐文化				
中唐文化		800	平安時代	弘仁・貞観文化
晩唐文化		900		国風文化
	五代十国			
	北宋	1000		
		1100		
	南宋	1200	鎌倉時代	
	元	1300		

図１－２

鳥・奈良・平安の三つの時代にわたる。

そのため、文学史でよく使われる「初唐」「盛唐」「中唐」「晩唐」という時期区分を、ここでも使う。長くつづいた唐の時代のなかの、社会や文化の時間的なちがいをうまく表わせるからだ。「初唐」（六一八～七一二年）は日本の飛鳥時代、「盛唐」（七一三～七六五年）は奈良時代、「晩唐」（八三六～九〇七年）は平安時代にほぼあたるので、日本での出来事とも対応させやすい。「梅から桜へ」交代説に出てくる奈良時代から平安時代への移行期は、「中唐」（七六六～八三五年）にあたる。

『源氏物語』や『枕草子』が書かれた平安時代中期、一〇世紀終わり～一一世紀初めは、唐の後の五代十国をへた、宋（北宋）の時代にあたる。これも桜の時空に深く関わる。後で述べるように、唐から宋の時代にかけて、中国でも花の鑑賞がさかんになってくるからだ。

旧くは「朱桜」

「桜」という言葉自体は、中国語圏の文献ではかなり昔から登場する。

特に旧い用例としては、司馬遷の『史記』や班固の『漢書』に「桜桃」が出てくる。王がその祖先の霊廟に捧げる供物の一つとされている。前漢の首都長安にあった皇帝の庭園、上林苑にも「桜」の樹が植えられ、果実が供物に使われていた。

『史記』は紀元前一世紀の初めごろの著作だが、その少し後、紀元前一世紀の終わりごろの揚雄『蜀都賦』になると、もっと具体的に描かれる。「蜀」は現在の四川省、その「都」は現在の成都だ。魏の曹操、呉の孫権、蜀の劉備らが活躍する三国志の物語は、日本語圏でも人気が高い。地名になじみのある人も少なくないだろう。

『蜀都賦』はその「蜀」の風物を詠った詩だ。そのなかの果樹をとりあげた部分に柿や桃、杏、李、枇杷、ライチなどにつづいて、「桜」が出てくる。「被以櫻梅、樹以木蘭、扶林禽、爚般關、旁支何若、英絡其間（桜や梅も広くおおい、木蘭が高く伸び、リンゴの樹を支え、上質な梨を輝かせ、脇枝はどうかといえば、花がその間に絡まっている）」（嘉瀬達男「揚雄「蜀都賦」譯注」『學林』五一、二〇一〇年より）。

揚雄自身も成都の出身で、樹や花の姿を知っていたのだろう。こうした「桜」「桜桃」は、特にその実が「朱桜」と呼ばれていた。果実の色があざやかな紅だったことによる。魏・呉・蜀の三国を統一した西晋の時代に作られた、左思の『蜀都賦』にも「朱桜が春に熟する」という句が出てくる。もともとはこの地域の特産品だったのではないだろうか(*)。

最初に述べたように、ユスラウメの実は紅くて甘い。カラミザクラの方はさくらんぼだから、もちろん紅くて甘い。それゆえこれだけだとどちらもありうるが、二つを比べると、カラミザクラの方がより大きく、より甘い。したがって、これらの「桜」はユスラウメではなく、カラミザクラだと考えられる。特に理由のないかぎり、皇帝の祖先への供物になるのはより大きく、より甘い方だからだ。

「山桜」は晩春に燃え咲く

西晋の次、南北朝の時代になると、少しちがった「桜」が見出される。

中国の南朝は、北方や西方の遊牧民に追われて長江流域に南下した漢族が建てた王国群だ。その一つ、梁の時代に重要な詩が現われる。沈約の「早発定山（朝早く定山を発つ）」だ。作られたのは四九四年、つまり五世紀の終わりごろで、定山は現在の杭州の西南、旧くから銭塘江の渡し場があった場所である（陳橋駅「先秦時代と秦漢時代の杭州」『東アジアの都市形態と文明史』国際日本研究センター、二〇〇四年）。

その詩の、付近の景観を詠った部分でこういう一節が出てくる。

野棠開未落（野の梨の花は開いてまだ散らず）

（＊）「四川地方には我山桜に似た多数の桜のあることが知れました」と三好学は紹介している（「櫻の話」三好前掲一一八頁）。四川には二〇世紀でもさまざまな桜が自生していたようだが、カラミザクラの元になった自生種も四川にあったのではないか。第五章も参照。

山桜発欲燃（山の桜は燃えるように咲いている）

注目される理由は二つある。一つは詠われている対象だ。「桜」の実ではなく、花だけが描かれている。「山」なので、果樹園ではなく、野山で咲く花をとりあげたものだ。「燃」なので、花の色は紅だろう。紅の花が樹全体を蔽って、燃えているみたいに咲いていた。一方、「棠」すなわち梨の花は白い。その白と紅の対照が詠い込まれている。

もう一つの理由は咲いている時期だ。梨の花と同時に咲いている。梨の花は三月下旬〜四月上旬に咲く。伝統的にも「棠梨花」は晩春の花とされてきた（川合康三訳注『白楽天詩選 上』一〇二頁、岩波文庫、二〇一一年）。それに対して、カラミザクラは二月下旬〜三月上旬に咲く。ほぼ一か月ちがう。

したがって、この「山桜」はカラミザクラではなく、ユスラウメか、日本の彼岸桜やヤマザクラに近い種類だと考えられる（"CERASUS" 前掲 p.416）。咲く時期はどちらも三月下旬〜四月上旬なので、どちらもありうるが、樹全体が燃えるように咲くところは、ヤマザクラや彼岸桜に近い。ユスラウメはサクラ属ほど花つきがゆたかではないからだ。

杭州近辺は桜が多く自生していたようだ。二〇世紀初めになるが、大谷探検隊で有名な大谷光瑞も、杭州付近の山あいで、三月下旬に日本の彼岸桜に近い桜が咲いているのを見た、と報告している（↓一章3、五章3）。そうした桜を見て詠った可能性は十分にある。

中国の「桜」も垂れる

これらの「桜」はまだ抽象的で曖昧だが、唐の時代になるとそれも大きく変わってくる。「桜」の姿が具体的で詳細になってくるのだ。中国の「桜」がどんなものなのか、そこからはっきり見えてくる。

一つは詩に出てくる表現から、ユスラウメではなく、サクラ属の花や実であることがわかる（市川前掲）。

唐を代表する詩人、というか中国語圏を代表する詩人の一人である杜甫は、唐の副首都で、歴代の王朝の古都でもある洛陽の近くで生まれた。二〇代のころに長安に出るが、七五五年の安史の乱の後、長江流域を転々とする。そのなかでも四川では比較的長く暮らしたが、当時の詩の一つ「恵義寺園送辛員外」に「朱桜比日垂朱実（朱桜に毎日朱い実が垂れている）」という句が出てくる。他の詩人が詠った「桜」にも、「垂れる」や「揺れる」という表現が使われている。

サクラとウメ、それぞれの花が見た目で最も異なるところは、小花柄の長さだ。さくらんぼでも、紅い実に長い柄がついている。あれが小花柄だ。サクラ属は小花柄が長いが、ウメにはほとんどない。そのため、サクラの花は枝からぶら下がる感じになるのに対して、ウメの花は枝に直接くっついて見える。ユスラウメの小花柄も〇～二・五ミリだから（"CERASUS" 前掲 p.406）、ほぼくっついている。

つまり、サクラは花も実もぶら下がる。だから「垂れる」「揺れる」と形容できる。具体的な数値でいえば、ヤマザクラの小花柄は一五～二〇ミリ、カラミザクラは八～一九ミリだ（同 p.416, 418）。セイヨウミザクラは二〇～六〇ミリだから（同 p.409）、あそこまで長くはないが、ユスラウメとは全く異なる。

「垂れる」のはサクラならではの特徴なのである。花が枝から垂れ、実も垂れる。カラミザクラだけでなく、染井吉野でも彼岸桜でも他の八重桜でもそうだ。サクラ属はそういう姿で花が咲き、実が成る。「朱桜比日垂朱実」はそれを的確にとらえている。

杜甫は「花が愛せないなら死んだ方がよい」（「江畔独歩尋花　其七」）というくらいの花好きで、長江流域を転々としていた間も、花のために果樹園を購入している（「小園」）。長安にいたころの宴会では、花を覗き込んで雄蕊を数えたりしていた（「陪李金吾花下飲」）。花や実の具体的な特徴もよく知っていたはずだ。

庭にも咲いていた

もう一つは、庭園の「桜」も詠われていることだ。白居易（白楽天）はやはり唐を代表する詩人の一人で、日本語圏の文芸にも大きな影響をあたえたが、こんな詩を作っている（「春風」）。

春風先発苑中梅（春風はまず庭園の梅を咲かせ）
桜杏桃梨次第開（桜、杏、桃、梨と次第に開かせる）
薺花楡莢深村裏（山深い村でもなずなの花や楡の莢が開き）
亦道春風為我来（春風が私のために吹いてきたと嬉しくなる）

春の風が庭の梅、桜、杏、桃、梨を次々と咲かせていき、村でも薺花が咲いてくる——。花好きにはたまらない、楽しい作品だ。

白居易は「桜」が特に好きだったらしく、「桜」の花が出てくる詩が二〇首近くある（斎藤正二「サクラと白楽天詩集」『日本的自然観の変化過程』東京電機大学出版局、一九八九年など）。「春風」は晩年を過ごした洛陽の自宅の庭を詠ったものだが、地方政府の長官として赴任した杭州の官邸の庭にも、近くの山からわざわざ移植している（「移山桜桃」）。

長安にいたころも美しく咲く樹を探して、自分の庭に植えて育てていた。「小園新種紅桜樹　閑遶花行便當遊（自分の庭に新たに紅桜を植えた　今が見ごろで出歩く代わりに花の下を巡っている）」（「酬韓侍郎張博士雨後遊曲江見寄」）。

洛陽の自宅近くの、親しい知人の邸宅の池には「桜桃島」があって、そこで花見の宴も楽しんでいた。「桜桃花来春千万朶　来春共誰花下坐（桜の花は来春も枝いっぱいに咲くだろうが　来春は誰と花の下にいるのだろう）」（「履信池桜桃島上酔後走筆送別舒員外兼寄宗正李卿考功崔郎中」）。現代の日本の花見とほとんど同じ光景を、毎春くり広げていた。

忠州の長官に左遷されたときにも、前任者が庭に植えた「桜」が咲く姿を詠っている（「題東楼前李使君所種桜桃花」）。九世紀前半の唐でも、桜は「家にありたき木」（『徒然草』）の一つだったようだ。

春の花の一つとして

「春風」の詩は「花信風」、つまり花カレンダーの形式をとっている。これは彼個人の思いつきではなく、「桜」の花は春の花の一つとして知られていた。例えば、中国の春の花暦の一つに「二十四番花信風」というのがある（「花信風」、https://zh.wikisource.org/wiki/歴代詩話_(四庫全書本)/巻60、井波律子『新版　一陽来復』八〜九頁、岩波現代文庫、二〇二三年）。

「小寒」（現在の一月初め）から「穀雨」（四月下旬）までの八つの節気を、さらに五日ごとに三つに区切り、二四種の花をあてたものだ。

そこでも「桜桃」は「立春之二候」におかれている。「立春」の二番目で、現在の二月中旬にあたる。梅は「小寒」の一番目で一月初め、杏は「雨水」の二番目で二月末、桃は「啓蟄」の一番目で三月半ばになる。梨は「春分」の二番目で、やはり三月末だ。日本より全て少し早いが、梅→桜→杏→桃→梨という順番は「春風」と全く同じである。

二月後半に咲くサクラ属で、花だけでなく実も垂れるとなると、あてはまるのはカラミザクラしかない。白居易の詩には「朱桜」も出てくる（「三月三十日作」）。「三月三十日」つまり現在の五月半ばごろに実が成っているので、やはりカラミザクラだろう。おそらく他の桜もあっただろうが、少なくともカラミザクラは白居易の邸宅の庭にあって、その花も実も楽しまれていた。

鑑賞される「桜」

白居易の親友で、「元白」と並び称された元稹もやはり「桜」の花を詠っている（「折枝花贈行」）。

桜桃花下送君時（桜の花の下で別れる君を送る）
一寸春心逐折枝（一片の春の心が折られた枝を追う）
別後相思最多処（別れた後の想いこそが最も深い）
千株万片繞林垂（千本万片の花が林を覆って垂れる）

中国でも「桜」の花は、別れのときによく似あうらしい。「垂」から、これもサクラだとわかる。桜の花が枝から垂れながら、林を埋め尽くすように咲いている。そんな光景を詠ったものだ。

中国の桜はさくらんぼが成る果樹というだけでなく、梅や桃や李と同じように、その花も愛好されていた。**桜の花を楽しむことは、中国語圏の文化にしっかり組み込まれていた**のである。有名な詩人も詠い、花暦も飾る。そのくらいには人気のある花だった。

それをふまえると、さらにもう一つ、重要な点がうかんでくる。沈約の詩の「山桜」は梨の花と同じ時期、晩春に咲いていた。それに対して、白居易の「春風」の「桜」は梅の後、杏の前に咲いている。早春の花だ。どちらの桜も鑑賞されているが、咲く時期が大きく異なる。

「晩唐」の時代の温庭筠は「二月十五日桜桃盛開……」という詩を作っている。元稹と同じような光景を詠ったものだが（市川前掲二五九頁）、こちらは花期が明示されている。現在の暦では三月下旬。時候でいえば春分で、「梨花」と同じころだ。「春深染雪軽（春深いころに雪のように白く染めて軽やかだ）」とあるので、晩春近くに真っ白な花が、まるで雪がふったように、視界を埋めて咲いていたのだろう。

温庭筠の別の詩には「桜桃」の実が垂れる姿も詠われている。ユスラウメでもカラミザクラでもない、花つきのゆたかなサクラ属の花が「桜桃」として鑑賞されていたのである。

「桜」はサクラ

沈約も温庭筠も有名な詩人だが、それぞれの詩も後代の花の名句集などに載せられている。作品としても有名だった。

特に沈約の「早発定山」は『文選』という、優れた詩や文章を集めた名文集にも収められ、長く読みつづけられた。「花欲然（花が燃えるように咲く）」という表現は、この詩が出典とされている（後藤秋正『花　燃えんと欲す』研文出版、二〇一四年、川合康三ほか訳注『文選　詩篇（四）』三一三頁、岩波文庫、二〇一八年など）。

唐の後、宋の時代の有名な政治家でもあった王安石も、「山桜」という題の詩を作っている。「山桜抱石映松枝　比立余花発最遅（山の桜が石を抱えて松の枝に映っている　他の花に比べて花が咲くのが最も遅い)」。この桜も明らかに晩春に咲いている。沈約の詩と同じように晩春にあざやかに咲く紅色の桜を見て、作ったのだろう。沈約と王安石という、中国史上、文人としても政治家としても有名な二人が、ともに「山桜」が晩春に燃えるように咲く姿を詠っているのである。

やや足早にみてきたが、まとめていえば以下のようになる。

中国の「桜」はユスラウメではなく、サクラ属の植物つまりサクラである。そのなかには早春に咲くものと晩春に咲くものと、少なくとも二つの種類があり、どちらもが「桜桃」と呼ばれ、鑑賞されていた。花の色は紅と白、両方出てくる。

早春に咲くものは紅い実があわせて詠われることも多く、カラミザクラだと考えられる。晩春に咲くものはカラミザクラではなく、日本のヤマザクラや彼岸桜に近い種類だと考えられる。また沈約と王安石の詩に出てくるのは「山桜」だから、果樹として栽培されていたものではない。そういう桜も有名な詩に詠われていた。つまり、そう詠われていることも広く知られていた。

なお、これらの詩では「桜」と「桜桃」がともに使われている。この二つが一貫して同じものだったことは、さまざまな文献で確認できるが、二つの表現が併用されるのは少し奇妙な感じもする。これは文字数と韻の関係だろう。中国の詩は定型詩で、字数と音

（韻）の規則が厳密に決まっている。「桜桃」「桜」「朱桜」など、同じものに複数の表現が使えるのはそれだけで便利なのだ。

これも詩文で鑑賞される花だからこそ、複数の種類の表現が使われつづけた、と考えられる。

日本語圏への影響

『文選』や白居易の詩は日本語圏でもよく読まれていた。

『懐風藻』には沈約の山桜の詩をふまえて、「花紅山桜春（花は紅なり山桜の春）」と詠った詩がある（釆女比良夫「春日侍宴　応詔」）。奈良時代の日本語圏でも、沈約の詩はすでに知られてきた。東アジア全域で、名句として有名だったのだろう。

白居易の詩や表現が日本の文芸や絵画に大きな影響をあたえたことは、今さらいうまでもない。例えば『枕草子』では「書は、文集。文選。新賦。史記。五帝本紀。願文。表。博士の申文」と並べられている。最初の「文集」は『白氏文集』、白居易の詩集だ。『文選』はその次に出てくる。日本語圏でも基礎教養の一つとして、江戸時代まで広く読まれていた。清少納言だけでなく、紫式部やその父、藤原為時ももちろん読んでいたはずだ。

だから、三人とも白居易が庭の桜の花を鑑賞していたのを知っていただろうし、中国の野山には、晩春に梨の花の傍らで、燃えるように咲く桜があることも知っていただろう。

彼女たちとも顔見知りだった藤原公任は、『和漢朗詠集』という名句集を編んでいる。『古今和歌集』や『源氏物語』よりも広く読まれて、やはり基礎教養の一部になっていたが、その「花」の項目には中国の詩句と日本の桜の名歌が並んでいる。

中国の詩句の最初は上林苑の花を詠った詩で、その後に白居易の詩がつづく。その一つは洛陽の自宅の庭を詠ったものだ。「池色溶々として藍水を染む　花光焔々として火春を焼く」。公任はこれらの「花」も桜だと考えていたのではないか。

平安時代の貴族たちも、中国で桜が鑑賞され、詩に詠われていることを知っていた（斎藤前掲）。桜を詩歌に詠うことが「日本的」だとは全く考えていなかったはずだ。

3「桜」とサクラ

世界中で鑑賞されてきた

「実桜」という日本語名のためか、日本語圏ではカラミザクラにせよ、セイヨウミザクラにせよ、果実を得るためだけの樹だと思われがちだが、実際にはどちらのミザクラの花も鑑賞されてきた。

セイヨウミザクラでも、例えばフランスのルイ一六世の王妃、マリー・アントワネットは日記に「サクラの花びらに、わざわざ白粉を塗る必要があるだろうか」と花の美しさを讃えている。ヴェルサイユの薔薇、いやヴェルサイユの実桜だ。インドのムガール帝国などの、イスラム庭園でも鑑賞されていた（C・L・カーカー&M・ニューマン、富原まさ江訳『桜の文化誌』第2章、原書房、二〇二二年）。ミザクラは実も花も楽しまれる樹なのである。

これもサクラの咲き方による。ウメは枝の一節に一つだけ、花をつける。モモも多くは一～二個だが、サクラは一つの芽から数個の花が開き、さらに枝がジグザグ状に拡がる。そのため、サクラは花盛りになると、枝を蔽いかくすように多くの花をつける。「山桜」もそうだし、カラミザクラでもそうだ。花つきがゆたかで、圧倒的に花が目立つ。それがサクラの大きな特徴になっている。

第五章でとりあげる李時珍の『本草綱目』でも、「繁英如雪（茂った花は雪のようである）」と記されている。樹や並木全体が白や紅色に染まる。いわゆる「万朶の桜」だ。元稹の詩でもそういう光景が詠われていた（↓一章2）。

まるで染井吉野みたいだなあ、と思った人がいるかもしれないが、その感覚はあたっている。カラミザクラには、その樹だけで実がなるという自家結実性がある（勝木前掲四六頁など）。それゆえ果樹としてあつかいやすいが、花としても一種類だけで視界を埋められる。わかりやすくいえば、見渡すかぎりカラミザクラの並木にしても、果実をつける。だから、染井吉野と同じ咲き方を楽しめる。

紅い「桜」、白い「桜」

花が鑑賞されるのは日本の桜だけの特徴ではない。サクラ属全体に共通する特徴なのである。世界中どこでも桜の花は楽しまれてきた。

中国の街なかでも「桜」は咲いていた。「晩唐」の李商隠は「桜花永巷垂柳岸（路地の奥で桜の花が咲き、水辺で柳が垂れる）」と詠んでいる（「無題四首　其四」）。桜と柳の組み合わせから、「見渡せば柳桜をこきまぜて　都ぞ春の錦なりける」という素性法師の歌を思い出した人もいるだろうが、その五〇年以上前に作られたものだ。

一九二〇年代前半に長江下流域の都市を訪ねた青木正児も、「楊柳緑斉三尺雨　煙る青やぎ雨かと見れば」「桜桃紅破一声簫　起こる歌ごえ簫かとまがい」という清の時代の「小唄の文句」を引いている（同『江南春』五〇頁、平凡社東洋文庫）。二〇世紀の街角にも、柳と桜の景色があった。

唐詩には「桜」の花を詠ったものが七九首、実を詠ったものが八二首と、ほぼ同数ある（市川前掲二四七頁）。その両方で「垂れる」「揺れる」という表現が出てくる。花の色は白と紅、どちらも詠われている。果実は紅いものが多いが、白や黄、紫に近い色の実もあった。

なお白居易の「桜」の詩では、花と実はほぼ二対一の比率で出てくる。おそらく白居易は「桜」の花の方をより愛好していたのだろう。花と実のどちらを重視するかは個人差があるようだが、彼の詩を特に読んでいた日本語圏の人々には、中国の「桜」も主に花を愛でるものに思えただろう。

ヤエもシダレも

唐の時代以降も、このような「桜」のあり方は変わらない。

宋の時代には花書（花の事典や解説書）がふえてくるが、「桜」は桃や梅、杏などと同じく、「花」の部と「果」の部の両方に出てくる。「桜」が桃や梅と同じように、食用かつ鑑賞用だったことを示す文献的な証拠としては、これ以上のものはないだろう。

例えば『洛陽花木記』では「雑花」の部に二つ、「菓子花」（実の成る花）の部には一一の桜桃の品種が載っている。「雑花」の二つのうち、「千葉桜桃」は「菓子花」にも出てくるが、「垂糸桜桃」は出てこない。つまり、鑑賞だけの品種だ（https://zh.wikisource.org/wiki/洛陽花木記）。他の文献では、千葉桜桃は実が少ないとあるので、こちらも主に鑑賞用だったのだろう。

日本語に訳せば「千葉」は八重（やえ）咲き、「垂糸」は枝垂（しだれ）にあたる。セイヨウミザクラにも鑑賞用の品種があるが、最も有名な〝pleta〟種（直訳すれば「満花」）は、八重咲きで、実が成らない。同じような品種がカラミザクラでも作られていたようだ。

一四世紀、元の時代の杭州（臨安）の都市誌『夢粱録』にも、「果之品」の章で「桜桃」、「花之品」の章で「桜桃花」が出てくる。「花」の章では、白居易の詩も引用されている。訳注ではこれを「ゆすらうめ」だとした上で、「桜樹といってもさくらではなく、桜桃はさくらんぼではない」と断言しているが（呉自牧、梅原郁訳注『夢粱録3』二三二、二三五頁、平凡社東洋文庫、二〇〇〇年）、もちろんカラミザクラの実と花である（→五章4）。

その訳注で参照されている清の時代の『広群芳譜』でも、「花」の部に「桜桃花」、「実」の部に「桜桃」の項目をおいた上で、相互に参照指示している。一章2であげた白居易や元稹、温庭筠らの詩のほかに、花や実が垂れる姿を描いた詩句も並んでいる（https://zh.wikisource.org/wiki/廣羣芳譜/巻028、同/巻056）。垂糸（しだれ）桜桃のような品種も、唐の時代にすでにあったのかもしれない。

中国の花関係の文献を実際に読んでいれば、「桜桃と桜桃花はちがう植物だ」とか「桜桃は食用で鑑賞用ではない」といった誤解が生じる余地はない。中国の「桜」は一貫して**実も花も**愛好されてきた。

画でも特徴がわかる

カラミザクラは雄蕊が大きいので、梅に少し似ているが、花の形状や咲き方はサクラ属特有のものだ。その特徴は詩文でも具体的に描写されている。つまり当時の人々も、「桜」の花はそういうものだととらえていた。

画でもそれは確認できる。清の時代の終わりごろ、一八四八年に刊行された呉其濬『植物名実図考』という本がある。挿画つきで植物を解説したもので、中国最初の植物図鑑ともいわれる。画は著者自身が実際に見て描いており、資料的な価値も高い。そのなかに「桜桃」と「野桜桃」という二つの項目があって、それぞれどのような見た目の特徴があるか、はっきりわかる（https://zh.wikisource.org/wiki/植物名實圖考_(道光刻本)）。

「桜桃」の方は**図1－3**だ。小花柄が長く、花や実が垂れるというサクラ属の特徴が描かれている。花が咲く時期には実は成っていないので、この図が模写ではなく、重要な特徴を図示したイラストなのもわかる。

図1－3

図1－4

「野桜桃」の方は**図1－4**である。小花柄が長いのがやはり確認できるが、実は描かれていない。「野桜桃」は日本の桜と同じく、目立つ実はつけないのだ。「桜桃」の自生種にあたるものだろう。

野桜桃の産地は『植物名実図考』では雲南になっているが、明の時代の『農政全書』では「鈞州の山あいに生えている」とされている（巻五八）。鈞州は現在の河南省許昌市の近くで、洛陽とも近い。黄河平原の西の端だ。

「桜」も「さくら」もサクラ

野桜桃は長江流域もふくめて、山間部に広く分布していたようだ。沈約や王安石の詩に出てくる「山桜」にあたるのも、これだろう。種類としてはカラミザクラの元になった自生種やヤマザクラだけでなく、カンヒザクラや彼岸桜に近い桜もありうるが、いずれにせよサクラである（"CERASUS"前掲 p.406）。『広群芳譜』にも、小さな実しかつけない「桜桃」の記事が出てくる。

日本人による証言も残っている。大谷光瑞が中国で見た桜の記事を雑誌『櫻』に寄せている（「櫻」『櫻』四、一九二二年）。大谷は「桜博士」の三好学に桜の分類を学んだこともあり、（1）中国の桜は日本の桜とはちがうが、ユスラウメというよりも、「セラサス」（サクラ属の学名）だと考えられる。（2）その花は詩文などでも鑑賞されている、などにふれた上で、（3）杭州の名所、西湖の近くの山あいで三月下旬に、白い花を咲かせた野生の「セラサス」を見た。それは日本の「彼岸ザクラ」に似ており、（4）湖北省宜昌市の近くで見た、三月上旬に咲く「セラサス」とは「全く別物」だった、こちらは農家が果実を得るために田畑の畔に植えていた、と述べている。

日本の桜を見慣れていて、植物分類学の知識がある人にとっても、中国の「桜」はやはり桜で、人家近くでもさまざまな種類が咲いており、日本の桜によく似たものもあった。短い記事だが、日本の桜語りを見ていく上でも重要な証言なので、第五章でもう一度とりあげよう。

「桜」の多様性

日本語圏では長い間誤解されており、現在でも誤った解説が多いので、少し詳しくみてきたが、中国の「桜」の用例を現在の植物分類と対応させると、以下のようにまとめられる。

(a)「朱桜」といった場合、ほぼカラミザクラ、特にその一つの種類をさす。あざやかな紅の果実が「朱桜」と呼ばれ、そうした実をつける種類の樹も「朱桜」と呼ばれた。四川などの長江流域だけでなく、長安や洛陽など、気候条件が近い土地でも早くから栽培されていた。

(b)「桜桃」といった場合、カラミザクラが多いが、それ以外のサクラ属もふくまれる。咲く時期も二月半ばから四月上旬ぐらいまで、幅広い。庭園や果樹園で栽培されるだけでなく、黄河・長江どちらの流域でも、山あいには広く自生していた。したがって、サクラ属の総称にあたると考えた方がよい。

(c)「山桜」といった場合、カラミザクラの元となった自生種もありうるが、それ以外のサクラ属の可能性が高い。花期が確認できるものは晩春で、日本のヤマザクラや彼岸桜に近い種類だと考えられる。

（d）「桜」は「桜桃」と同じものである。二種類の表現があることには、文芸上の利点があった。

「桜」「朱桜」「桜桃」「白桜桃」「山桜」といった多様な呼び名があるので、わかりにくいが、それぞれに意味があり、厳密ではないが、ある程度使い分けられていた。少なくとも宋の時代以降の花関係の文献、花書や本草学の著作ではそういえる。(＊)

これらの「桜」「桜桃」は、葉が丸くて先端が尖り、細かいギザギザがあることで他の花木と区別され、小花柄が長いという特徴を共有する（↓五章2）。この二つは日本語圏で、さくらを見分ける大きな特徴にもなってきた。

したがって、ふくまれるサクラの種類はある程度ちがうが、植物分類上では、中国の「桜」と日本の「さくら」はほぼ同じ範囲をさすと考えられる。具体的にいえば、中国の

（＊）本草学は中国で伝統的に形成されてきた学術で、薬の素材となる植物や動物、鉱物の知識を集めたものだ。それらの形状や生態もとりあげており、特に植物に詳しい。その点では近代の植物学とある程度重なるが、基本的には博物学である。江戸時代には日本語圏独自の本草学も始まる。五章2を参照。

「桜」の花の一つを日本に持ってくれれば、「少し違和感はあるが、さくらの花」とされただろうし、日本のさくらの花の一つを中国に持っていけば、「少し違和感があるが、桜桃の花」とされただろう。

「桜（櫻）」という字の字源は旧すぎて決定的な手がかりはないが、やはり小花柄の長さという特徴に関連させてこの字が受け取られてきた、と考えられる。これに関しても五章2でふれる。

平安貴族もさくらんぼを食べた

その意味では、「桜」はサクラであるだけでなく、さくらでもある。花だけでなく、次の一章4で述べるが、江戸時代まではさくらの実も食べられていた。その点でも「桜」とさくらは同じだ。

それだけではない。桜の樹そのものの往来もあったようだ。カラミザクラが日本に入って来たのは明治の初めといわれてきたが、藤原頼長の日記『台記』に「桜実」を贈られたという記事がある（天養二（一一四五）年五月三日）。和泉国（現在の大阪府南部）の産で、色は紅、大きさは碁石ぐらい、全体は円く、核は微小、食べるととても美味で甘いです、と解説がつけられていた。

記事の内容からみて、果樹園で栽培されたカラミザクラの果実だろう。贈られたのはそれを干したもの、今でいう「ドライ・チェリー」にあたる。日本語のさくらんぼの文献記録としては、おそらく最も旧い。平安時代の日本でもカラミザクラが栽培され、さくらんぼを食べていた。

この記事は寺島良安の『和漢三才図会』でも紹介されている（島田勇雄ほか訳注『和漢三才図会15』三七六頁、平凡社東洋文庫、一九九〇年）。『和漢三才図会』は一八世紀の初めごろに刊行された、江戸時代の有名な大百科事典だ。明治期の桜関係の文献でも、この記事は紹介されている（↓五章3）。

桜語りの一部として

桜は日本に固有な花で、桜の花を見るのは日本独自の文化である――二〇世紀の桜語りではしばしばそういわれてきた。「中國においては、サクラと同種の花が取り上げられた形蹟はなく、「山櫻」や「白櫻」などの語が詩文に登場する場合も、サクラと近縁ではあるが、花を鑑賞するためではなく、實を食用とする櫻桃（カラミザクラ）のことを指すと考えるのが普通である」（合山林太郎「王安石「山櫻」詩と近世日本におけるサクラについての議論」東英寿編著『唐宋八大家の探究』一一五頁、花書院、二〇二一年）。

これまで見てきたように、この理解はほぼ完全に誤っている。実際には「桜桃」は果樹でもあるが、鑑賞用の花でもあった。詩文にも詠われていたし、「花信風」＝花カレンダーにも出てくる。そういう花を「鑑賞するためではなく」とするのは、いくらなんでも無理だろう。

また、すでに述べたように「桜桃」はカラミザクラ以外のサクラもふくむ。例えば「野桜桃」は「救荒」、つまり飢饉のときには食べられるものとされていた。裏返せば、ふだんは食べない。そういう桜も「桜」「桜桃」にふくまれる。晩春に野山で咲く「山桜」はもちろん果樹ではなく、カラミザクラでもない。

「桜桃はさくらではない」というのは、サクラに関しては事実ではない。それは中国の桜に関する知識ではなく、日本語圏の桜語りの一部なのである。

花の受け取られ方

こういう風に書くと、感情的に反発したり誤解したりする人がいるかもしれないので、予告もかねて、最も重要なことを付け加えておこう。

私は、中国の「桜」と日本のさくらが全く同じだ、といいたいわけではない。植物分類上は、そして見られるものでもあり食べられるものでもあったという点では、つまりモノとしてはほぼ同じだ、というだけだ。

だからこそ、同じ桜の花がどのように受け取られてきたか、そのような**文化的なちがい**が大きな意義をもつ。モノとしては同じだからこそ、文化的なちがいが際立つのである。植物としてもちがうのであれば、受け取られ方のちがいが、植物としてのちがいによるものか、文化的なちがいなのかが、厳密には識別できないからだ。

果樹かどうかも、そこに関わる。第四章で述べるが、中国の「桜」が果樹の性格を強くもち、日本のさくらがそうでなかったことは、重要なちがいになる。けれども、それは食べる／食べないというちがいではない。日本のさくらの実の多くは食べられるし、江戸時代までは実際に食べられていた。

果樹でもある／ないことが、二つの社会での桜の花の受け取られ方にどんなちがいとして表われているのか。本当の焦点はそこにある。それぞれの社会や文化での桜の花の見方や鑑賞のされ方、花の意味づけのあり方のちがいと、どのように関連しているのか。そこが重要なのである。中国の桜が実も花も愛好されてきたことも、そこに関わる。

同じだからこそちがう

「中国の「桜」はサクラではなくユスラウメだ」とか、「中国の「桜」はカラミザクラだから日本のさくらとは別の種類だ」といった議論は、その文化的なちがいをむしろ曖昧にする。「中国の「桜」は食用で鑑賞用ではない」のような決めつけも同じだ。

これらはそもそも事実ではないが、それ以上に、花の見方や鑑賞のされ方、花の意味づけのあり方のちがいを曖昧にしてしまう。くり返すが、同じく鑑賞されてきたからこそ、その花がどのように位置づけられ・受け取られてきたのか、その意味づけのちがいが際立つのである（→第四章）。

そのちがいをつきとめるためには、日本の「さくら」の受け取られ方も知る必要がある。次の一章4ではそれをみていこう。

4 「さくら」の由来

「さくら」と「桜」

中国語の「桜」の歴史をたどっていくと、中国でも桜は咲いていた。そして少なくとも六世紀以降、詩文でもその花が詠われてきた。日本でいえば、古墳時代のころだ。桜の花を楽しむ習慣は、中国語圏でも一五〇〇年以上の歴史をもっている。

　では日本語の「さくら」からは何が見えてくるのだろうか。この言葉の由来をたどっていくと、やはり二〇世紀の桜語りの常識からは、意外なことが明らかになる。

　日本語圏でも桜は旧くから見られていた。それもはるか昔から。桜語りでは桜と稲を結びつける発想が今も根強いが、古墳時代の前の弥生時代、つまり水稲が移入されて水田耕作が始まる時代よりも、はるかに前から、日本では桜が人々から見られてきた。「さくら」の語源、すなわちこの言葉がどのように生まれてきたかから、そう考えられる。

「さくら」＝「サ＋クラ」説

　中国の「桜」にユスラウメ説とカラミザクラ説があったように、「さくら」の語源に関しても二つの説がある。いや、これも「桜」と同じく、あったといった方がよいだろう。

　一つは「サ＋クラ」説だ。それによると、「サ」は「田の神」や「穀霊を表わす古語で、五月（さつき）・五月雨（さみだれ）・早苗（さなえ）・早乙女（さおとめ）……などのサと同義であり、クラは神座の意である」（桜井満『花の民俗学』二〇三頁など、講談社学術文庫）。「磐座（いわくら）」の「クラ」だ。その「サ」と「クラ」を組み合わせたのが「さくら」で、田の神が迎えられる座を意味する。そのような花と樹として「さくら」と呼ばれた、という。

この「サ+クラ」説は何人かの学者によって述べられているが、最も早く提唱したのは民俗学の桜井満だ。当初はこんな風に語られていた（同『万葉びとの憧憬』一六三頁、桜楓社、一九六六年、なお文中の「サクラ」は本書でいう「さくら」だが、原文の表記にしたがう。以下同じ）。

そもそもサクラという語は、サは田の神、穀霊の名、クラは神座としての意義が存したらしいのである。すなわち、サクラは穀神をむかえる憑代——穀神のこもる花として、農耕生活のうえに関与するたいせつな花であった。

「サ+クラ」説は一時期、まるで定説のようにいわれていた。今でも桜語りにはしばしば出てくる。「さくらは古来我が国の農耕儀礼とも密接にかかわっており、民族のもっとも愛してきた樹木である」（寺山宏『和漢古典植物考』二六八頁、八坂書房、二〇〇三年）。民俗学や国文学でも「説の一つ」とされているようだが、学説としては、これには明らかに無理がある。

「サ+クラ」説のあやしさ

第一に、もし本当に桜の開花が稲の精霊「サ」の到来と重ねられていたのであれば、桜

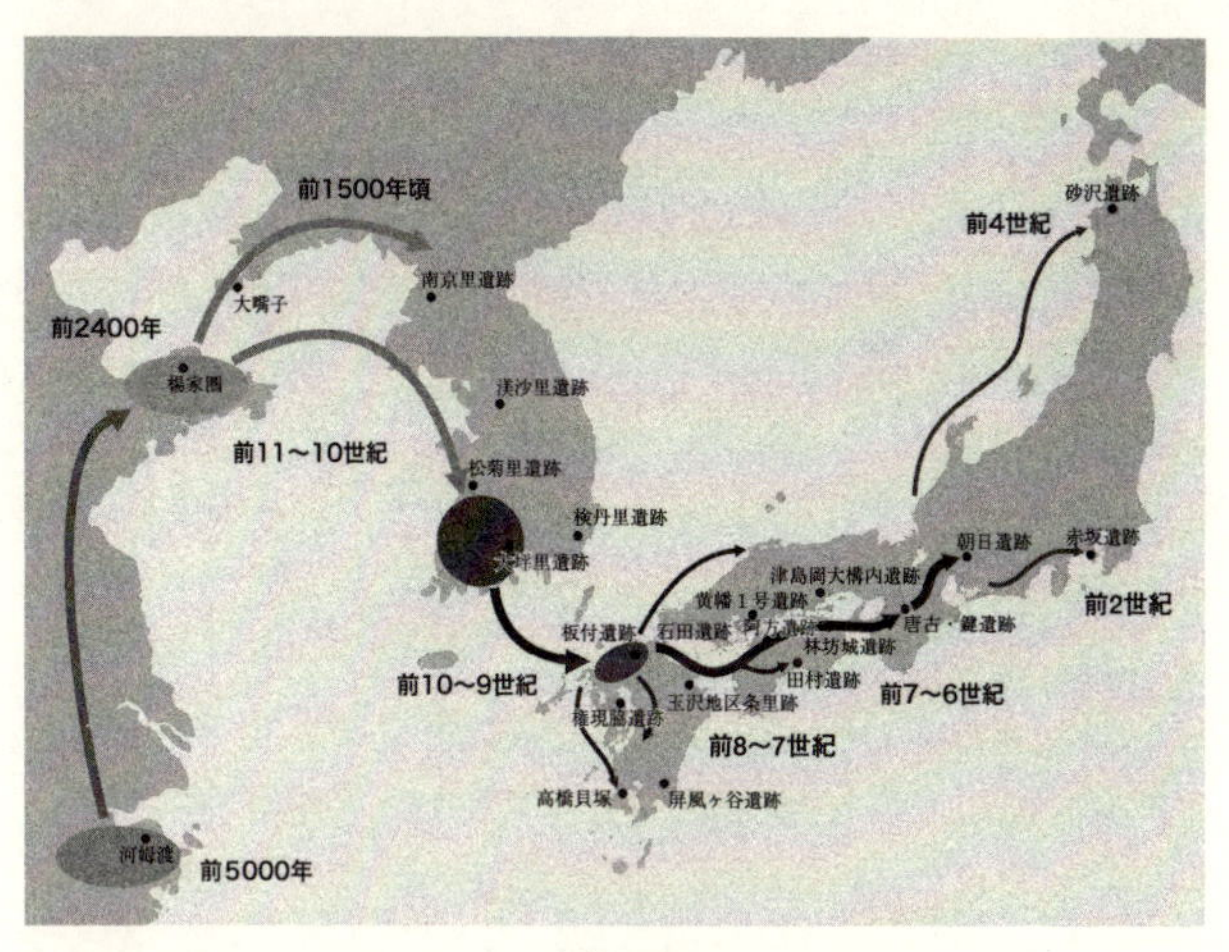

図1-4

が咲く月こそが「サ＋ツキ」、つまり「さつき」になるはずだ。実際には桜が咲く月は旧暦では「弥生」、つまり三月である。四月の「卯月」をはさんで、「五月(さつき)」とは一か月以上離れている。

だとすれば「さくら」の「サ」と、少なくとも「五月」の「サ」はちがうものだと考えざるをえない。「サ」が二つ以上あることになり、「さくら」の「サ」が何をさすのかもわからなくなる。

第二に、水田耕作がいつ始まったのかは、現在では考古学によってほぼ特定されている。紀元前一〇〇〇年頃に、九州北部、今の福岡県で始まった。今から三〇〇〇年前だ。それから八〇〇年ぐらいかけて、本州まで広がっていく（**図1-4**、藤尾慎一郎

『〈新〉弥生時代』一三二頁、吉川弘文館、二〇一一年より)。

それほど長くかかったのは、当時の列島に住んでいた人々にとって、水田耕作が全く新しいものだったからである。わかりやすくいえば、それまでの生活を激変させる「黒船到来」みたいなものだった。

だとすれば、その「黒船」が来るまでの間、桜はどう呼ばれていたのだろうか。稲作以前にキビやアワが栽培されていた地域もあるが、それもやはり紀元前一〇〇〇年ぐらいからだ(同右)。それまでの人々は、穀物と無縁な生活を長くつづけていた。

もし「サ」が「穀霊」すなわち穀物に関わる精霊だとすれば、もともと日本列島に「サ」はいなかった。三〇〇〇年前に現われた、新入り(ニューカマー)なのである。そのはるか前から桜は咲いていた。列島に住む人たちは、それをどのように呼んでいたのだろうか。

桜は水田より旧い

「サ+クラ」説のどこが問題なのか、おわかりだろう。

この説が正しいとすれば、「さくら」と呼ばれるようになったのは、水田耕作以降になる。どれほど旧くても三〇〇〇年前、地域によっては二〇〇〇年前か、さらにもっと新しい。

それに対して、現生人類がこの列島に来たのは、ほぼ四万年前だ。縄文時代早期、今から一万一〇〇〇~七〇〇〇年前の遺跡からはサクラ属の樹皮を材料にした、さまざまな道具が広い範囲で見つかっている（工藤雄一郎／国立歴史民俗博物館編『さらにわかった！縄文人の植物利用』一九四頁、新泉社、二〇一七年など）。少なくともその時期までには、他の樹と区別されるようになっていたと考えられるが、それから各地で水田耕作が始まるまでの間、桜はどう呼ばれていたのか。「サ+クラ」説はそれに全く答えられない。

さらに、もしこの説が正しければ、水田耕作が始まる前と後で、桜の呼び方が変わったことになる。「さくら」ではなかった桜を「さくら」に呼び換えたわけだ。「桜が昔から愛されてきた」「日本人は桜と一緒に生きてきた」のだとすれば、そんなに簡単に呼び名を変えるだろうか。昔から桜が大切にされていたのであれば、その名もまた、大切にされてきたのではないか。

これらの点で「サ+クラ」説は信憑性にとぼしい。率直にいえば、語呂あわせの思いつき以上のものではない、と私は考えている。にもかかわらず一時的にせよ、歴史学者もふくめて、「サ+クラ」説が広く信じられた。その事実の方が興味ぶかい（→五章4）。

「とにかく、桜花は稲の花の象徴と見立てられ、秋の実りの兆（ほ）として農耕生活のうえに深く関与した大切な花であった。だからこそ日本人にとって、「花」といえば「桜」ということになったのだ」（桜井『花の民俗学』前掲一〇四頁）。桜の花は特別な花で、だから、日本語圏でやはり特別視された稲と関連しているはずだ――そんな思い込みがつくり出した幻影だと思う。

稲の時間と桜の時間

実際にはこの列島の歴史のなかで、稲と桜は全く異なる時間を生きてきた。

稲は三〇〇〇年前に列島の外からやって来た。列島の生態系からみれば、新しい渡来植物である。それに対して、桜が来たのははるかに旧い。ムカシヤマザクラの化石が鳥取県などで発見されているが、地質年代は後期中新世。今から五〇〇〇万年以上前である。文字通りケタ違いの旧さだ。現生人類のホモ・サピエンスがアフリカのどこかで誕生したのが四〇～二五万年前だから、それよりもさらに旧い。

だから、人間を基準にして考えるかぎり、**桜はもともと日本列島にあった**。そう断言してさしつかえない。

この列島に人が来るはるか昔から、桜は咲いていた。そして稲が持ち込まれる前から、この列島に住む人々は毎春、桜の花を見ていた。その間には気候も大きく変わっている。例えば氷河期の最盛期だった二万年前には、常緑広葉樹の森は房総半島の南部や伊豆、紀伊半島や九州の太平洋岸など、列島のごく一部だけになる。現在の桜の多く、正確にいえばその元になったサクラも、そうした地域でしか自生していなかっただろうが、それでもそこでは桜は咲いていた。

「サ＋クラ」説以外にも、桜と稲、桜と水田を結びつける語りは今も多いが、桜の時間と稲の時間は全く異なる。水田耕作が広まった後で、桜と稲が結びつけられるようになった、というのであれば、私自身もそう考えているが（↓第四章）、そのはるか前から桜は咲いていて、人々から見られていた。

桜と稲を強く結びつけると、このような日本語圏の桜がもつ圧倒的な重みは、かえって見失われる。むしろそれによって、中国の「桜」は桜ではない、みたいな無理な議論をせざるをえなくなったのではないか。

さくらとまくら

だから「さくら」の語源に関しては、今のところ学説は一つしかない。「咲くもの」という意味で「さくら」と呼ばれた、と考えられている。

「まくら」を思い浮かべれば、わかりやすい。まくらは現在では専用の寝具になっているが、もともとは着物などの布を巻いて、寝るときに頭の下に入れていた。眠るときに「巻くもの」という意味で、「まくら」と呼ばれた。それと同じ形で、春になって「咲くもの」を「さくら」と呼んだ。

「咲くもの」を英語でいえば the flourish だから、flower という意味で「さくら」と呼ばれたわけだ。

「さくら」と「まくら」が同じ形というのは、なんだか微笑ましい。ほのぼのするが、実際の見え姿ともぴったりあう。桜は近くで見ると圧倒的な量感があるが、遠目でもよく目立つ。例えば山の緑のなかに、白や薄紅色の一片が嵌っているように見える。

すでに述べたように、これは桜の咲き方や育ち方による。まず、一つの枝に多くの花が垂れるようにつく。そのため花盛りには、花がまるで樹全体を蔽うようになる。さらに桜は陽樹で、日当たりのよい場所で育つ。山でいえば、夏の台風や冬の雪の重みで、大きな樹が折れて枯れた。あるいは、建材や燃料に使うために、伐採されて運び去られた。そうしてできた空き地で芽吹いて、成長していく。

だから、陽が差してくる上向きだけでなく、下向きにも枝を拡げる種類が多い。地面すれすれに枝を伸ばして、花を咲かせる樹もよく見かける。空き地を早く蔽うことで、他の樹が芽吹いて育つのを防ぐのだろう、と考えられている。

川や水路沿いに植えられた染井吉野も、水平方向に枝を伸ばして水面にかぶさる。それらが一斉に花を咲かせると、たくさんの花弁が水面に落ちて、花筏になって流れていく。私も大好きな景色だが、これも桜が森の空き地で育つ樹だからだ。

樹形と神秘

このような伸び方や咲き方は、桜が神秘化されやすい理由の一つにもなっている。上へ上へと伸びるだけではなく、途中で方向を転じて、水平や下にも枝を拡げる。そうした樹形が天上と地上を、さらには地下を結ぶように見えるのだ。

こうした樹形をもつ樹は「霊樹」として、信仰の対象になりやすい。松もそうだが、最も典型的なのは柳だろう。柳と桜は春の花としてだけでなく、その樹形の面でも共通する。文化圏を超えて、共通感覚のようなものがそこには働くようだ。

柳はヨーロッパにもアフリカにも枝垂れる種類があり、水辺を好むこともあって、生と死の両面に関わる樹になってきた（アリソン・サイム、駒木令訳『柳の文化誌』第1章、原書房、二〇二一年など）。エジプト神話の冥府の神オシリスは、現世では王だったが、弟セトに棺に詰められて殺される。その棺が流れつくのが柳の下で、柳はオシリスを象徴する樹であった。ギリシア神話でも、冥府と豊饒の女神ヘカテやペルセポネと結びつく。

現代の欧米でも墓地に植えられることが多く、墓石にも刻まれる。死者を悼んで祈る人間の姿に似ているためともいわれるが、もっと直截に、天と地を結ぶように見えるからでもあるのだろう（柳田國男「神樹篇」『柳田國男全集14』一九六頁、ちくま文庫、一九九〇年など）。

東アジアでも柳は死者と結びついている。柳の下に幽霊が出てくるのもその一つだが、唐の長安の西市にも柳が植えられていた（徐松撰、愛宕元訳注『唐両京城坊攷』一六〇頁、平凡社東洋文庫、一九九四年）。市場は刑場でもある。人間が死に至らしめられる場所だ。地上と地下、現世と異界を結ぶ回路に見える柳は、そんな場所にふさわしい樹でもあった。

「外」につながる樹

桜にも同じような性格がある。例えば、京都の牢獄には八重桜の普賢象の花が供えられた、という伝承がある（↓五章2）。「咲くもの」である桜は、人間が生きる世界の「外」につながる樹でもあった。そこには樹形だけでなく、生態系のなかで桜が占めた位置も関連する。これに関しては第四章であらためて述べよう。

森のなかにできた空き地で桜は育ち、水平や下へも枝を伸ばして花を咲かせる。そうした姿を近くで見ると、視界が桜の花で埋まったように感じられる。遠くからは、緑のなかに桜色の一片が嵌っているように見える。色彩的にも目立つので、遠目でも「咲いているな」と気づく。まさに「山の桜は咲いて燃えようとしている」だ。

そうした点でも、「さくら」＝「咲くもの」説には説得力がある。

日本語圏の桜は「咲くもの」として、はるかな昔から見られてきた。水田で稲を育てる前から、「穀霊（サ）」が出現するはるかに前から、列島に住む人々は毎春、さくらを目にとめ、心にとめてきた。

そこからもう一つ、いえることがある。なぜさくらに「桜」の字があてられたのか、だ。

植物の漢字表記は、日本語と中国語では別のものをさすことがある。例えば、日本語の「つばき」にあたるのは「椿」ではなく、「山茶」や「海石榴」だ。それに対して、さくらに一番近い中国語は「桜」で、適切な翻訳になっている。

中国語の「桜」は、小花柄が長く、垂れるように咲く。さらに花つきがゆたかで、「燃えるように咲く」。そんな特徴によって、「桜」は見分けられていた。そして日本でも同じ特徴をもつ春の花が、やはりあざやかに咲いていた。その樹の呼び名が「さくら」で、だから「桜」の字をあてたのではないか。

「さくら」も「桜」もサクラ

さくらと「桜」は花や葉の形状など、見た目の目立つ特徴が共通する。だから、さくらに「桜」の字をあてた。そう考えるのが最も筋が通っている。植物分類学的にも、それで適切な翻訳になっている。中国語の「桜」も日本語の「さくら」もサクラで、ともにその花が見られ、楽しまれてきた。山の桜も、庭の桜も。

桜の実についても、同じことがいえる。『和漢三才図会』によれば「子を結ぶ。子の大きさは大豆ぐらい。若いときは青く、熟すると赤黒くなる。仁があるが、小児は好んで仁を取り去って食べる。味は甘美でよく魚毒を解する。また子を結ばないのもある」(前掲三二二頁)。

桜の果肉は食べられるが、種子には強い毒がある。江戸時代の人たちはそこまでわかって食べていた。現代とは甘さの基準が全くちがうので、当時の人々には、かなりの多くの桜の実が甘かったのだろう。飢饉のときや貧しい階層では、大人も食べていたはずだ。日本のさくらも鑑賞され、かつ食べられていた。新鮮な果実はビタミンやミネラルを摂る上では、むしろ貴重な栄養源だっただろう。

カラミザクラやセイヨウミザクラなどの実桜をわざわざ「さくらんぼの樹」と呼んで「さくら」と区別する人もいるが、「さくらんぼ」は「桜の坊」、つまり「さくらの実」をさす言葉だ。「さくらんぼの樹」が「さくら」でないなら、さくらの実がなる樹はさくらでなくなる。

ミザクラの実が「さくらんぼ」と呼ばれた。そのこと自体が、ミザクラがさくらの一種だと受け取られていた良い証拠である。

第二章

花たちのクロスロード

1 伝統と革新

交代ではなかった

第一章でわかったことをまとめておこう。

（1）中国語圏では少なくとも七世紀以降、桜の花は見られて、詩文に詠われてきた

（2）日本語圏では日本語でさかのぼれるかぎり、桜の花は見られてきた

だから、奈良時代の人々も桜はさかんに見ていた。もともと日本列島の野山には桜が咲いていた。さらに、宮殿や寺院、貴族たちの邸宅の建材だけでなく、都市の住人たちの日々の生活資源としても、奈良周辺の森や林は広く伐採されていた。その空き地にも桜は進出していたはずだ。むしろ従来にない密度で、平城京のまわりには桜が咲いていただろう（↓四章2）。

そして『文選』や『白氏文集』を読むくらいの教養がある人ならば、中国の詩文でも桜が詠われているのを知りえた。紫式部や清少納言はもちろん、藤原道長も自分で漢詩を作

っていたくらいだから、知っていてもおかしくはない。嵯峨天皇も自作の詩で、『文選』から何度も引用している。花宴の出席者は皆、中国語圏の桜の詩を知っていたはずだ。梅から桜へ、見られる花が大きく変わったわけではなく、中国趣味が和風になったわけでもない。

新たな謎

そう考えるのが最も筋が通るが、だとすれば、新たな謎がうかびあがってくる。

（3）日本語圏では九世紀以降、桜が詩文でよく詠われるようになる

なぜこんな変化がおきたのだろうか。

もったいぶらずに、最初に私なりの答えを述べておこう。ちょうどこの時期、八世紀の半ばごろから、東アジアでは新しい花の文化が明確に姿を現わしてくる。それは「花だけ」を特に愛好し、主題として鑑賞する文化だ。そのなかで花への意味づけも変わってくる。牡丹のような、従来なかった花も生み出される。

それによって、日本語圏の花の文化も、中国語圏の花の文化も変わっていく。新たな花

の文化と接触することで、それぞれ従来のあり方を変容させて、新たに展開していく。

あるいは、こういった方がわかりやすいかもしれない。新たな「花だけ」を鑑賞する文化が、従来の花のあり方に接続されることで、それぞれのなかで組み換えがおこり、新たな花の文化へ転態（メタモルフォーゼ）していった。そんな変化がおきたと考えられる。

今後の展開

図に描けば**図2-1**のようになる。

いうまでもなく、これはかなり簡略化した図で、全てが表わされるわけではない。むしろ、少し複雑な作用を考える必要があり、そのために全体像をわかりやすく図式化した。そんな感じで眺めてくれればよい。

縦軸は時間の流れ、横軸は空間を表わす。だから「桜の時空図」ともいえる。日本と中国以外の地域も関わってくるし、日本と中国それぞれの内部でも地域のちがいがあるので、本来ならば、空間の方は地図の形にした上で、時間軸を加えた三次元表示の方が望ましいが、複雑になりすぎるので、とりあえず日本と中国だけを取り出した。第一章で述べたことをふまえて、これからどんなことを考えていくのか。その大きな流れがわかっていれば、読みやすくなると思う。

もしかすると、この図だけで先の展開がほぼ読めた人もいるかもしれないが、桜語りでは観念が空回りしやすい。そんな主題をあつかうときは、一つ一つ積み上げていく必要がある。やはり順をおって解説していこう。

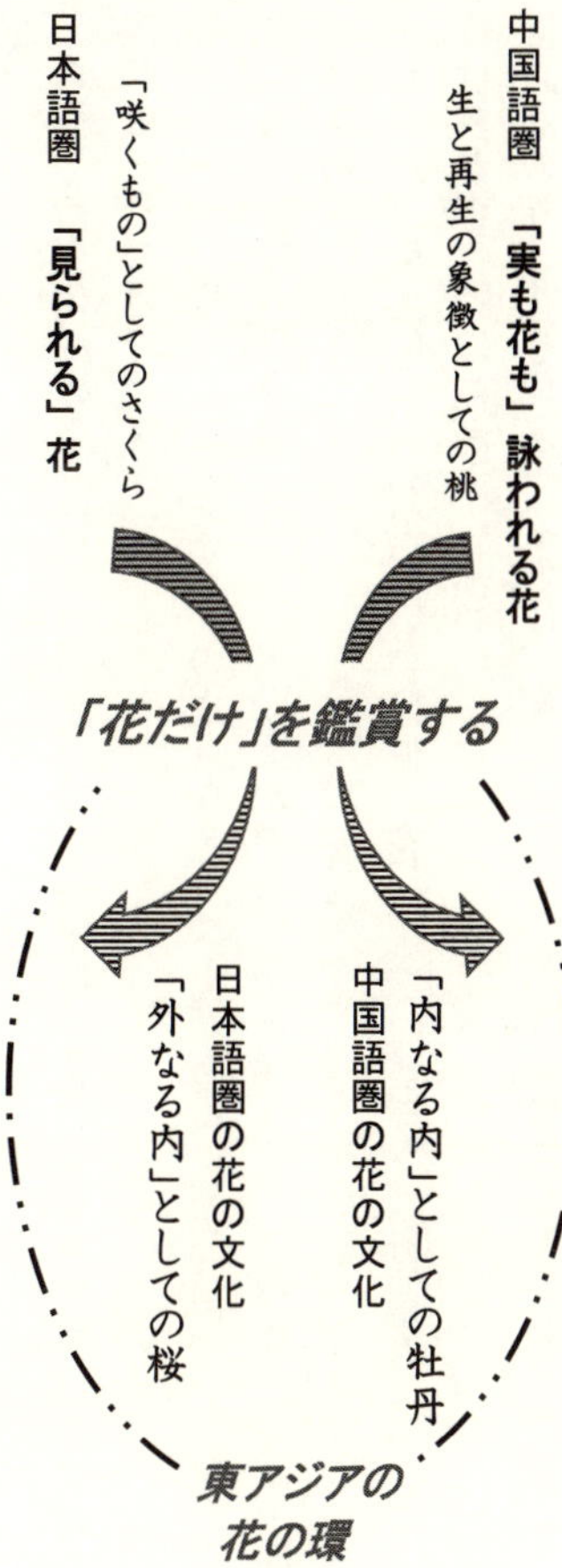

図2－1

桃の伝統

「梅から桜へ」交代説のように、日本語圏では「中国の花といえば梅」だと思われがちだが、実際はそうではない。

『詩経』という、日本の『万葉集』のようなテクストがある。紀元前一一世紀から紀元前六世紀ぐらいまで、世界史でいえば、周王朝の初期から春秋時代ごろまでの、中国語の歌謡や詩文を集めたものだ（小南一郎『詩経』岩波書店、二〇一二年など）。そのなかに春の花々も出てくるが、例えば「あの麗しいのは何　花は桃李のよう」（「何彼襛矣」）のように、花としては桃と李、特に桃がよく詠われる。

中国語圏の春の花を代表するのは、梅ではなく、桃なのである。一章2でふれた杜甫も、成都の仮住まいに五本の桃の樹を植えて、その花と実を詠っている（「題桃樹」）。あまりにもありふれていて、「桃李は山にはびこっていて全て俗っぽい」（蘇軾）と謗られるくらいだ。

桃の原産地は黄河中流域の山間部だと考えられているが、桃の場合、地域差も少ない（**図2-2**、小林前掲七〇頁、原図も同じ）。もちろん、山野で自生する桃も咲いていた。こちらも詩文に詠われている。

例えば「山桃発紅蕚　野蕨漸紫苞（山の桃は紅い蕾を開き　野の蕨は群がる紫の芽を伸ば

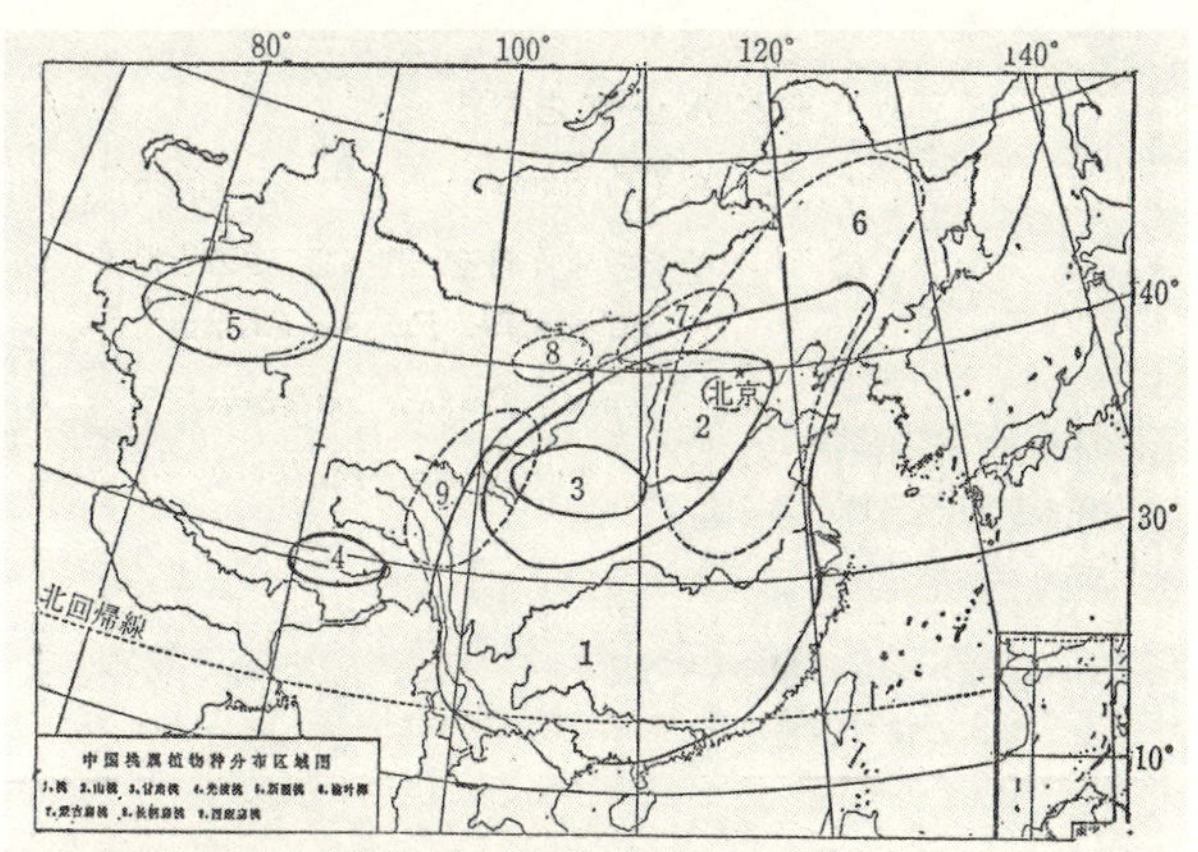

1. 桃(*Prunus percica* SIEB. et ZUCC.)モモ
2. 山桃(*P. davidiana* FRANCH.)ノモモ,モモ
3. 甘粛桃(別名:毛桃,*P. kansuensis* REHD.)カンシュクモモ
4. 光核桃(別名:西蔵桃,*P. mira* KOEHNE)チベットモモ
5. 新彊桃(別名:大宛桃,*P. persica* spp. *ferganensis* KOST. et RIAB)新彊モモ
6. 楡叶(葉)梅(*P. triloba* LINDL.)オヒヨモモ
7. 蒙古扁桃(*P.mongolica* MAXIM.)蒙古アーモンド
8. 長柄扁桃(*P. pedunculata* MAXIM.)長柄アーモンド
9. 西康扁桃(*P tangutica* BATAL.)西康アーモンド

図2-2

す)」。南朝の宋の時代の、謝霊運の詩の一節で、沈約の詩と同型の句になっている。「山桃」と「山桜」が同じように鑑賞されていたわけだ。この詩も『文選』に収められている(川合ほか訳注前掲五七頁)。

桃には多くの種類があり、広い範囲で植えられていた。中国だけでなく、日本でもそうだった。『農業全書』には「ももは色々数かぎりなく品多き物にて」とある(前掲二七六頁)。これも桃の大きな特徴だ。

桃の実は生で食べられるだけでなく、干して保存食にもなる。アワやヒエ、稲など、主要な穀物を収穫できる秋が来る前、七～八月に実が熟することもあって、貴重な食料にもなっていた。

少し寒い気候でも育つ種類が多く、穀物が実らない冷夏の年でも実をつける。だから「救荒」果樹でもあった。それをふまえると「桃花境」のイメージもより具体的に感覚できる（→四章1）。

生と再生の象徴

そんな桃は『詩経』では次のように詠われる（「桃夭」）。漢文の教科書にもよく出てくるから、見おぼえのある人もいるだろう（市川前掲参照）。

桃之夭夭　灼灼其華　（みずみずしい桃　花ははなやかに）
之子于帰　宜其室家　（あなたが帰ってきた　良い夫婦になるように）
桃之夭夭　有蕡其実　（みずみずしい桃　実はずっしりと）
之子于帰　宜其家室　（あなたが帰ってきた　良い夫婦になるように）
桃之夭夭　其葉蓁蓁　（みずみずしい桃　葉はふさふさと）

之子于帰　宜其家人　（あなたが帰ってきた　良い夫婦になるように）

桃のみずみずしさが謡われているが、それは花だけではない。「花」―「実」―「葉」の順にとりあげられて、それらが全て、これから結婚する若い人々を言祝ぐ。将来に幸あれと願う「予祝」の詩だ。

花は始まりであり、始まりでしかない。実に受け継がれ、さらに葉を茂らせて、次代に継がれていく。実が成る前にもちろん花は散っている。花が散ることは決して終わりではないのだ。

美しい花を咲かせて、みずみずしい実を成らせる桃は、そのような**生と再生を象徴する花**として愛されてきた。あの明るい花の色もそうした印象を心に刻みつけるが、「救荒」果樹でもあったことを考えれば、その裏にある切実さも想像できる。秋の収穫の貯えも乏しくなる夏は、人間が最も死にやすい季節である（↓四章3）。冷夏でも実が成る桃は、人間を死から遠ざける花でもあった。

こうした伝統は今も残っていて、桃は花以上に、実も親しまれている。特に中国では各地域に固有な品種も多く、今では一年中、桃の実を食べられるそうだ。

花から実へのつながり

こうした花と実の関係は、現代の日本の桜でも体験できる。

日本にある桜も実が成るし、食べられてきたが、果樹として栽培されたのはカラミザクラとセイヨウミザクラだ。カラミザクラは現在ではむしろ鉢植えや庭木として人気があるが、明治になって欧米から輸入されたセイヨウミザクラは、ほとんどが果樹として栽培されている。

一番有名な品種は「佐藤錦（サトウニシキ）」だろう。咲く時期は河津桜と彼岸桜の間ぐらい、オカメ桜とほぼ同じ頃に白い花をつける。カラミザクラと同じく、雄蕊が長くて梅の花にも似ているが、小花柄が長いというサクラ属の特徴を共有する。薄くて白い花弁と黄色の雄蕊との対照が色彩的にも美しく、花も楽しめる。染井吉野や河津桜より小ぶりだが、それだけに可憐に見える。他の桜と並べて見れば、ミザクラが鑑賞用でもあることを実感できる。

数は少ないが、東京でも目にすることができる。私がよく歩く散歩コースにも佐藤錦の樹があって、毎春、立ち寄っていた。そのうちに気づいたことがある。佐藤錦と他の桜では、桜の見方がちがってくるのだ。

「花だけ」の桜では、花が散ってしまえば、そこでいったん終わりになる。ところが佐藤錦ではそうならない。花が散ると、別のわくわく感が生まれる。どんな実がつくだろうか、という楽しみだ。小さい緑の実が黒味をましながら大きくなる。その様子を眺めていると、幼い子どもたちや鳥たちともよく行き交う。どうやら熟したら食べようと、待ち構えているらしい。そんな子どもたちにとって、桜は今なお食べるものであるようだ。

散ることが終わりではない

だから、花とのつきあいもゆったりとしたものになる。ミザクラの場合、花が散ったり萎れたりしても、鋭い悲しみや寂しさは湧いてこない。ああ今年はこの時期に散るのか、とか、今年の実の成り具合はどうだろうか、とか考えている。

花が散った後も、桜への関心が薄れることはない。むしろ強まることさえある。例えば「今年こそは、さくらんぼをいただこう」と狙っている子どもたちにとっては、散った後こそが桜の季節だ。花が散ることは決して終わりではなく、次の局面が始まる。

そんな「花」──「実」の形で桃を詠った詩も数多くあるが、杜甫の「喜晴」の一節をあげておこう。「国破れて山河あり」で知られる、あの「春望」と同じころの作品だ。

青熒陵陂麥（丘や堤や土手の麦は青く）
窈窕桃李花（桃や李の花は美しく咲いている）

春夏各有實（春にも夏にも実が成る）

我饑豈無涯（私の苦しい生活もきっと終わるだろう）

桃や李の美しい花は、青い麦と同じものなのだ。それは終わりではなくむしろ始まりであり、実が成ることではじめて完結する。

「実も花も」の意味

花と実だけに注目してもそういえるが、先ほど述べたように、これらの果実は穀物の収穫期の少し前に熟する。桃や李は七〜八月、桜は五月半ばごろだ。主要な穀物が実る秋の少し前、冬麦が収穫できる六月の前と後にあたる。食料の貯えが乏しくなる時期に食べられる、貴重な栄養源でもあった。そのことを考えれば、花が咲くことだけでなく、花が散ることにも喜びを感じる気持ちが、より深く共感できるのではないだろうか。

二〇世紀より前の時代を生きた人たちは、暖房の効いた、暖かで快適な室内で冬をやり過ごしたり、保温性の高い上着を着こんで早春の花を見に行けたりしていたわけではない。お店に寄れば、米も麦もいつでも買えて、新鮮な果物も手に入る。ビタミンやミネラルなら、錠剤ですぐに補給できる。そんな消費社会を生きていたわけでもない。

そうした人たちにとって、花や実がどのような意味をもっていたのか。花の文化や桜の歴史を考える上ではもちろんだが、花を詠う詩文をただ読んだり鑑賞したりする上でも、現代とは異なる生活や感情を具体的に想像することは必要だろう。切実さに裏打ちされた美しさだからこそ、それを見る人の心を強く揺さぶる。

2　落花の宴

梅と桜が加わる

中国語圏の花の歴史では、そうした伝統のなかに梅や桜の花が加わる形になる。梅の花を詠う詩文が多くなるのも桜の花と同じく、南北朝の南朝の王国からだ。五世紀ごろからで、桜より早いが、時代は大きくちがわない。梅の実を詠った詩は『詩経』にもあり、桜の実よりもさらに旧いが、花は詠われていない。

梅の花を詠うのは桜と同じく、どちらかといえば新しい習慣なのである。さかんになるのは一〇世紀、宋の時代からだといわれるが（岩城秀夫『中国人の美意識』一〇頁、創文社、一九九二年)、桜と比べると、より早く注目を集めて、よく詠われるようになる。白居易の「春風」にあるように、春の花々のなかで梅は最も早く咲く。その点でも注目されやすく、詠われやすかったのだろう。

一方、桜は桃や梅や李などに比べて、小さいが、最も早く実が成ることで知られていた。春に一番早く、冬小麦の収穫よりも早く、新鮮な果実をつける。梅の花と似た意味で、桜の実も特別なものになっていた。それが実により注目が集まりやすい理由にもなっていたようだが、いうまでもなく、実が成るからといって、花が鑑賞されないわけではない。梅も桜も、桃も李も梨も杏も、「実も花も」ともに愛されていた。

梅への賞賛

南朝の時代の梅の詩としては、鮑照の「梅花落」がよく知られている。

中庭雑樹多 (中庭には多くの樹々があるが)
偏為梅咨嗟 (梅だけを褒め称える)
問君何獨然 (なぜ梅だけかと問うかもしれない)
念其霜中能作花 (答えよう、霜の中でも花開き)

露中能作實（露の中でも実をつくる）
搖蕩春風媚春日（他の樹々は春の風に揺れて春の日に媚びるが）
念爾零落逐寒風（寒い風が吹けば枯れ萎む）
……

詠い方は『詩経』の「桃夭」と同じだ。梅はすばらしい、なぜならば、寒いなかでも花をつけて実が成るからだ。「花」―「実」というつながりの形で、花と実がともに讃えられていて、「実も花も」という伝統をそのままなぞっている。だから、「梅花」が「落ちる」のは悲しいことだけではない。実の実りに通じる点ではむしろ喜ばしいことでもある。

梅の花は他の花に先駆けて咲く。その点で春の到来を告げるものとして、その花に強い関心が向けられたが、咲くことだけが注目されていたわけではない。梅の花が開くことには他の花にない独自性が見出されたが、散ることは他の花と同じく、実が成ることにそのままつながる。さびしいだけでなく、喜ばしいことでもあった。

「落花」の意味づけ

「梅花落」という題は一つの分野(ジャンル)になっていて、同じ題の詩がいくつも作られている。そのなかには花だけが出てくるものも少なくないが、「落花」の意味づけは引き継がれている。「実が成る」ことを焦点にして、春を迎える賑やかな喜びも、離別の悲しみやさびしさや不安も、そして再会への希望や期待も、花に結びつけられる。だから梅の花が開くことにも、散ることにも、悲喜こもごもの感情がひとしく結びつけられる。

なぜ南北朝の時代に桜や梅の花が詠われるようになるのかに関しては、かなり推測になるが、魏・呉・蜀の三国を統一した西晋の王国も、四世紀の初めに崩壊する。その背景には大きな気候変動があった。

その少し前から、東アジア全体が寒冷期を迎える。それとともに北方や西方から、多くの遊牧民が黄河平原へ流入してくる。寒くなれば、草原の草も以前のようには育たない。もともと寒い地域ほど、その影響は大きく、苛酷になる。生きるために、新たな土地へ遷らざるをえない。

その動きに押し出される形で、黄河平原に住んでいた漢族が長江流域に大量に移住していく。南北朝の南朝、東晋から陳までの諸王国はそうやってできあがった。日本でいえば古墳時代のころだ（**図1－2**再掲）。本来の自生地に咲く梅の花々に、このとき漢族は初めて出会ったのかもしれない。

それまでは実が注目されてきた梅や桜が、この漢族の大量南下によって「実も花も」美しいものとして再発見されていく。もし本当にそんなことが起きたのだとすれば、四川盆地の桜や梅を詠った揚雄の『蜀都賦』は、その先駆としていっそう興味ぶかい（↓一章2）。

六朝文化	南北朝時代	500	古墳時代	
	隋	600	飛鳥時代	飛鳥・白鳳文化
初唐文化	唐	700	奈良時代	天平文化
盛唐文化				
中唐文化		800	平安時代	弘仁・貞観文化
晩唐文化				
	五代十国	900		国風文化
	北宋	1000		
		1100		
	南宋	1200	鎌倉時代	
	元	1300		

図1-2

「梅花の宴」序文にも

日本語圏の詩歌にもその影響は及んでいた。

『万葉集』で最も多く歌に詠まれた花は梅だが（↓一章1）、そのうち三二首は全く同じ時間と場所で作られている。七三〇（天平二）年に当時の大宰帥（だざいのそち）、つまり外交と九州の行政を担当する政府機関の長官だった大伴旅人が、梅の花を見る宴を開いた。そのときのものだ。

それらの歌には旅人による序が付けられている（『万葉集』巻五）。「令和」の元号の出典にもなったから、読んだことがある人もいるだろう。ここでは詳しく紹介する余裕がないが、名文で、花の文化の歴史の上でも大きな意味をもつので、興味があればぜひ一度、全文を読んでみてほしい。

このなかに「落梅之篇」という語があり、中国のそうした詩文を参考にして作ってみた、と書かれている。これが何かも重要だが、その前にもう一つ、重要なことがある。それは、この宴がどんな時期に開かれたか、だ。

旅人の序にはもちろんそれも書かれている。「梅披（梅披（ひら）く）」とあるのだ。さりげなく書いてあるので見落としやすいが、梅花の宴の歌群は、梅が咲いている情景を、「落梅」を詠う詩文を参考にして詠っているのである。

桜語りの常識からすれば、そんな詠い方はありえない。花が開く（咲く）ことと花が散る（落ちる）ことは対極に位置づけられているからだ。一つは生を、もう一つは死を象徴する。そんな詠い方が日本語圏の桜の詩文では自明の前提になっている。

しかし、「実も花も」の意味づけや「梅花落」の詩群をふまえれば、旅人たちの詠い方も十分にありうる。「花が落ちる」のは実が成るためだから、「花が開く」の対極ではなく、実りにともにつながる。だから、どちらにも悲喜こもごもの感情を結びつけることができる。咲く姿に散ることを思い浮かべ、散る姿に咲いていたことを思い出して、重ねられる。だからこそ「梅抜く（ひら）」光景を「落梅之篇」を借りて表現できる。

恋の成就と実の成り

実際、「落梅之篇」の有力な候補は「梅花落」の詩群だとされているが、たんに表現や修辞が似通っているだけでない。「落」の背景にある「実も花も」の意味づけが共通しているのである（何蔚泓「大伴旅人と梅花の歌」『研究紀要　人文科学・自然科学篇』神戸松蔭女子学院、二〇〇六年）。もちろん、大伴旅人もそれをわかっていて、こんな序文を書いたのだろう。

同じような意味づけは旅人の次の世代、大伴家持たちにも見出される。例えば藤原真楯

（八束）の歌だ。

妹の家に咲きたる梅のいつもいつもなりなむ時に事は定めむ　（巻三・三九八）
妹の家に咲きたる花の梅の花実にしなりなばかもかくもせむ　（巻三・三九九）

真楯は七一五年生まれで、七六六年に亡くなる。梅花の宴の時点では一五歳だから、家持とほぼ同じ年齢だ。藤原北家の房前の子で、嵯峨天皇の時代に活躍した藤原冬嗣は彼の孫にあたる。つまり藤原道長や頼通などの摂関家の男系祖先であるが、真楯自身は家持たちと仲が良く、同じ知識や文化を共有していた。

中国語圏の詩文の教養は、家持たちよりもあったかもしれない。梅花の宴の歌群以上に、「梅花落」の伝統を引き継いでいるからだ。梅の花と実を対称的に詠いこんだ、「実も花も」のお手本みたい作品である。

『万葉集』の編纂者とされる大伴家持も、そうした伝統は知っていたようだ。『万葉集』では真楯の歌の次に、同じ大伴氏で、家持と同世代の駿河麻呂の歌が並べられている。

梅の花咲きて散りむと人は言へど我が標結（しめゆ）ひし枝ならめやも　（巻三・四〇〇）

「花が散ったとは、女性が他の男を結婚したことを譬えて言う」という解釈もあるが（佐竹昭弘ほか校注『万葉集（二）』二八七頁、岩波文庫、二〇一三年）、それだとただの恨み言になる。むしろ「咲きて散りむ」で、恋が成就した＝「実った」を暗示しているのではないか。現代語訳すると「梅の花が咲いて散ったように、誰かの恋が実ったと人々が話しているが、まさかそれは私が約束したあの人のことではないだろうなあ」。「散った」ことが、恋が破れたことと同じでないからこそ、歌に余韻が生まれる。

二つの言語の間で

旅人たちの歌を読んでいると、微笑ましくなってくる。中国語の詩文も一生懸命、学んでいたのだろうなあ、と思えてくる。

こうした梅の歌を山田孝雄は「支那風心酔の余響」としているが（『櫻史』三二頁、講談社学術文庫、一九四〇年）、私はそうは思わない。もちろん模倣は模倣だから、そこだけとれば「習作だ」と貶めることもできるが、何よりも旅人たちは楽しかったのではないだろうか。自分たちがもっていた言葉の表現と、その可能性が、ぐんぐん広がっていく、そんな感覚を体感していたはずだからだ。現代の人文学や社会科学でも、日本語と英語、日本語とドイツ語など、複数の言語で研究成果を読む人ならば、その楽しさやすばらしさ、わくわく感はよくわかると思う。

実際、家持たちはやがて桜の花に注目し、それを主題にした歌を作るようになる。桜にも実は成り、食べられるが、日本では果樹として広く栽培されることはなかった。それゆえ、桃や梅に比べて「実も花も」の意味づけは弱くなるが、ちょうどこの時期の東アジアでは、全く新たな、中国語圏の伝統にはない、花の文化がその姿を現わしていた。

旧いことと新しいこと

それによって花の意味づけも、それを詠う詩文も大きく変わってくる。私たちになじみぶかい桜の花はそこから立ち現われてくるが、「実も花も」の意味づけをすでに学び、花を主題にして鑑賞し、詩文に詠う文化になじんでいなかったら、その転換を受け取って独自に展開するのにも、もっと長い時間がかかっただろう。

折口信夫は「花の話」（一九二八年）でこう書いている。「考えて見ると、奈良朝の歌は、桜の花を賞めていない。鑑賞用ではなく、むしろ、実用的のもの、すなわち、占いのために植えたのであった。……奈良朝時代に、花を鑑賞する態度は、支那の詩文から教えられたのである」（『古代研究Ⅱ　民俗学篇2』一二三八頁、角川ソフィア文庫）。

「賞めていない」というのはさすがに言い過ぎだが、旅人たちの梅の歌から家持たちの桜の歌へ移っていくなかで、花への意味づけも変容していく。「梅から桜へ」交代説はその変化を、梅／桜、中国／日本という単純な二分法で、短絡的かつ表面的にとらえたものだ。

　文化はつねに重層的にできている。そして重層的にしか変われない。桜の時空でもそれは変わらない。

3 「花だけ」の波

牡丹が登場する

　その新たな花の波を教えてくれるのは、これまで全く登場しなかった美しい花だ。牡丹である。

　八世紀の前半、唐の首都長安で牡丹の流行が始まる。それは従来知られていなかった、新しい花だった。例えば植木久行『唐詩物語』によると（一七六～七七頁、大修館書店、二〇〇二年）、春を彩る梅・桃・李・杏・牡丹のうち、晩春に咲く牡丹の花を除けば、いずれも花も実もある花木であった。古くから中国の人々は、花の美しさをめでるとともに、その実をおいしく味わってきたわけである。

ところが、牡丹の花だけは、そうした実用的価値に乏しい、いわば純粋の花であった。このため、その愛好は、他の花木に比べて著しく遅く、玄宗の天宝二年（七四三）に成る李白の有名な「清平調詞（せいへいちょうし）」以降のことと言ってよい……。いったん牡丹の花の豊艶な美しさと高貴な気品が人々の心を深く魅了しだすと、「花開き花落つること二十日、一城（都じゅう）の人　皆狂えるが若（ごと）し」（元和四年［八〇九］に成る白居易「牡丹の芳（はな）」）と歌われるほど、春の他の花々を圧倒する狂熱ぶりをまねいたのである。

中国語圏では、牡丹は春の花のなかでも特に愛好されてきた。「花王」「花神」とも称される。いわば花のなかの花、全ての花の上に君臨する特別な花だ。その点では日本語圏のさくらと似ているが、さくらとちがって、中国の花の歴史のなかではむしろ新しい花である。

牡丹の花だけではない。そうした「花だけ」を愛でることも、新たに出現した、新しい文化だった（岩城前掲六三〜六七頁）。牡丹とともに、その文化も花開く。それとともに花の詠い方も、鑑賞する態度も、新たな展開を見せる。

「牡丹の春」

実はここにも長期の気候変動が関わっている。七世紀ごろから東アジアでは寒冷期が終わり、暖かくなっていく。その変化と関連して、隋や唐という巨大な王国もできあがると考えられているが、それにあわせるように、新たな春の花も生み出される。

長安の牡丹の流行は八世紀の終わりごろから最盛期を迎える。「中唐」の時代だ。その熱狂ぶりは多くの詩文で詠われているが、白居易の「牡丹芳」は特に名高い。

牡丹芳（牡丹の花）
牡丹芳（牡丹の花）
黄金蕊綻紅玉房（黄金の蕊は紅玉の花房から綻んで）
千片赤英霞爛爛（千の赤い花弁が彩雲のように輝く）
……
花開花落二十日（花が開いて散るまでの二十日間）

一城之人皆若狂（街中の人々は皆、狂ったようだ）

……

人心重華不重実（人の心は華を重んじ実を重んじない）

重華直至牡丹芳（華を重んじて牡丹の花に至りつく）

二週間の「桜の春」ならぬ、二〇日間の「牡丹の春」。そんな春を長安の人々は過ごしていた。いや時間的な前後を考えれば、逆だ。長安の人々が牡丹の春を楽しんでいたように、今の私たちは桜の春を楽しんでいる。二〇世紀の日本語圏の桜の春の語られ方が、牡丹の春の詠われ方をなぞっているのだ。和辻の『風土』がたんなる思いつきであることが、あらためてわかるだろう。

新しい花

もちろん当時の人たちも、牡丹の新しさは知っていた。九世紀半ばごろ、「晩唐」の時代に、段成式という人が『酉陽雑俎（ゆうようざつそ）』という著作を編んでいる。長安生まれで上流貴族の出身、父は宰相まで務めた。彼自身も地方政府の長官を歴任している。

『酉陽雑俎』は彼が興味をもった事物に関する話を集めたものだ。長安の都市誌、神話、幽霊や鬼をめぐる噂や伝承の聞き書きなど、雑多な内容がふくまれる。動物編や植物編もあり、主題ごとに由来の解説や逸話などが簡潔に記されている。詩文には出てこない知識も多く、貴重な資料集（データ・ブック）になっている。

そのなかに牡丹の歴史も紹介されている。牡丹は隋の時代まで、ほとんど注目されていなかった。長安では開元年間（七一三〜四一年）に見られるようになり、天宝年間（七四二〜五五年）になって「珍重された」。それでも「元和［八〇六－二〇年］の初めは、まだ少なかった」とあるので（今村与志雄訳注『酉陽雑俎3』二八七〜八八頁、平凡社東洋文庫、一九八一年）、広く愛好されるようになるのはやはり九世紀前半からだ。

珍奇さが珍重される

『酉陽雑俎』には当時の詩も引用されている（『酉陽雑俎5』同右一五四頁）。

近来無奈牡丹何（最近の牡丹はどうしようもない）
数十千銭買一窠（一かこい買うにも大金がかかる）
今朝始得分明見（今朝初めてはっきり見えた）
也共戎葵校幾多（立葵とともに数を比べるほどだ）

この詩にはもう一つ花が出てくる。「戎葵」、現在のタチアオイ（立葵）だ。「蜀葵」とも呼ばれる。「本来、胡中の葵である。別名を胡葵という。葵に似ている」（『酉陽雑俎3』前掲二九七頁）。西方から旧くに渡来した植物で薬草に用いられたが、花も園芸用に改良されたようだ。辺塞の詩人、つまり「シルクロードの詩人」と呼ばれる岑参の詩にも出てくる。

明の時代には鑑賞用だけでなく、宅地の垣根にも植えられて、花を楽しむ上で重要な脇役とされていた。唐の長安でもそうだったとすれば、最後の句の詩は「垣根にも使われる、あの立葵くらい、よく目立つ」といった意味だろうか。

『酉陽雑俎』によれば、牡丹は現在の山西省中部から長安に持ち込まれた。「狂うがごとく」という「牡丹芳」の形容には、そうした新規さや珍奇さへの驚きや警戒もこめられているのだろう。八世紀半ばごろに活躍した良識派の官僚、房琯（ぼうかん）は「牡丹の会には、列席しない」と言っていた。そんな逸話も段成式は伝えている。

ボタンと蘭と菊

牡丹に関してはもう一つ、興味ぶかいことがある。「牡丹」という名称は旧くからあるが、それは他の植物をさすものだったらしい。

久保輝幸「江浙地方と日本におけるボタン栽培の始まり」（瀧朝子編『アジア遊学二七四 呉越国』勉誠社、二〇二二年）によると、現在のボタンは黄河流域の山間部を原産地とする二つの種を交配したものだと考えられている。そのため当初は、暖かくて湿度の高い長江流域ではうまく育たなかった。白居易も「江南に帰ればこの花は無い」と詠っている（「看渾家牡丹花戯贈李二十」）。

その後、五代十国の時代に品種改良が進められて、長江流域でも咲く新たな品種が作られた。それによって牡丹は東アジア各地に広まっていく。日本語圏の文学に登場するのも一〇世紀の終わり、『蜻蛉日記』や『枕草子』のころからだ。

日本にも八世紀より前から「牡丹」と呼ばれる草木があったが、花期や形状からみて、現在のヤブコウジやその近縁種にあたると考えられている。『延喜式』に出てくる「牡丹」も、ヤブコウジやその近縁種だと考えられる。

同じような形で出現してくる有名な花が、もう一つある。蘭（ラン）だ。

青木正児は李時珍『本草綱目』などを引きながら、唐の時代までの「蘭」は現在のランではなく、宋の時代に花が賞玩されるようになった「蘭」が現在のランだ、としている（「蘭草と蘭花」『中華名物考』、平凡社東洋文庫、一九五九年）。

現在でも同じように考えられているが、唐の時代にもランにあたる「蘭」はあったらしい（寺井泰明『花と木の漢字学』大修館書店、二〇〇〇年など）。特に「盛唐」、杜甫や李白らと同じ時期の詩人、王維が育てていた「蘭蕙（らんけい）」はほぼラン科のランだと考えられる。ボタンもランも際立って目立つ花だが、はっきりと姿を現わすのは、中国語圏でも八世紀後半ばごろからなのである。

菊が鑑賞用の花になるのもこの時代だ。それまで菊は主に食用や薬用だった。それが梅と同じく南朝の時代から、陶潜（淵明）などの詩の主題の一部になっていく。杜甫や白居易も菊花を詠っているが、菊も品種改良が進んで宋の時代から本格的に鑑賞されるようになる。

花への注目度があがる

このような「花だけ」の花の登場とともに、花の文化にも二つ、大きな変化がおきてくる。

一つは、花自体への関心や注目が高まることだ。

杜甫が花好きで、花に詳しかったことは第一章で述べたが、彼の親しい友人だった岑参は、さらに写実的に花を描く。杜甫も巻き込まれたあの安史の乱がおきたころ、岑参は現在のウルムチにあった地方軍政府の官僚だった。乱の影響はまだ少なく、自宅に庭を作って花を集めて楽しんでいた。そこに贈られてきためずらしい花を詠んでいる（「優鉢羅花」）。

白山南赤山北（白山の南、赤山の北）
其間有花人不識（その間に花があるが、人は知らない）
綠莖碧葉好顏色（緑の茎と碧い葉が美しい）
葉六瓣花九房（六つの花弁の、花が九房）
夜掩朝開多異香（夜は掩われ、朝に開いて異香をふりまく）
何不生彼中國兮生西方（なにゆえに中国に生えず、西方に生えるのか）
……

「優鉢羅花」は仏教の経典に出てくる花だ。この世のものではない理想上の花に喩えているわけだが、花自体の描写は具体的だ。

同じことが「桜」の詩でも指摘されている。「桜」にかぎらず、「中唐」の時期に花の描写は解像度をあげる（岩城前掲七〇頁、市川前掲一六一頁など）。「桜」がサクラ属だと確認できるのも、花と実が「垂れる」ことが詠われているからだ（↓一章2）。白居易や温庭筠の詩からは花期もわかる。

「盛唐」の杜甫や岑参はおそらく、その先駆なのだろう。「花だけ」を鑑賞する文化では、花に関心が集中する。花が咲いている時間は、実が成るまでの期間に比べると、かなり短い。いわば集中的に花につきあうことになり、花への視線はより濃密になり、具体的で克明な描写につながる。

花の命と人の命

もう一つの大きな変化は、花が散ることがそのまま「終わり」になっていくことだ。「花だけ」に関心を向ける場合、「落花」で全てが終わる。来年また咲くとしても、花から実が成るように連続的に移り変わるわけではない。それゆえ、花が開くことは人の生や出会いを、花が散ることは人の死や別れを強く連想させる。岑参はこの点でも印象的な作品を残している（「韋員外家花樹歌」）。

今年花似去年好（今年の花は去年に似て好い）
去年人到今年老（去年の人は今は一つ老いた）
始知人老不如花（初めて知った、人は老いるゆえに花には及ばないのだと）

可惜落花君莫掃（だから落花も愛おしい、掃かないでくれよ）

……

一年の四季の巡りと人の往来の巡りを重ねる。花は散ることで終わるが、人は去るだけで終わりはしない。けれども、翌年になれば、終わった花はまた同じように咲くが、終わらなかった人は同じではない。一歳、さらに老いている。

終わって死ぬがゆえに再生する花と、終わらないがゆえに、老いて衰えていく人。その対照と感傷が花と人の対句であざやかに表現されているが、これも「花だけ」が注目されることによる。

「実も花も」では、今年の花はやがて今年の実に変わり、種とともに樹を離れる。それゆえ、次の年に開く花は全く別の花である。「花だけ」だからこそ、同じ花／ちがう人という対照になる。

桃李の変貌

そうした花への意味づけの変化は、旧い、伝統的な春の花々、桃や李や杏や梨も巻き込んでいく。劉希夷のこの詩「代悲白頭翁」は特に有名だから、読んだことがある人も多いだろう。日本の平安時代の漢詩にもしばしば引かれている。

洛陽城東桃李花（洛陽の東側で桃と李の花が咲く）
飛来飛去落誰家（飛び交う花びらは誰の家に落ちるのか）
洛陽女児惜顔色（洛陽の若い女性は容色の衰えを悲しみ）
行逢落花長嘆息（落花に行き逢うと長いため息をつく）
今年花落顔色改（今年の花が落ちればまた容色が衰える）
明年花開復誰在（来年の花が開くときまた誰がいるのだろう）
已見松柏摧為薪（松や柏の樹が伐られて薪にされるのも見た）
更聞桑田変成海（桑を植えた土地が海になったことも聞いた）
古人無復洛城東（昔の人たちはもう洛陽のここにいない）
今人還対落花風（今の人たちが再び花を散らす風に会う）
年々歳々花相似（毎年毎年咲く花はよく似ているが）
歳々年々人不同（毎年毎年同じ人がいることはない）
……

冒頭にあるように、ここで詠われているのは桃と李の花だ。桃も李も中国語圏で長く親しまれ、愛されつづけてきたが、その詠われ方は伝統的には「実も花も」であった。花の終わりは実の始まりであり、新たな喜びももたらす。少なくとも悲しみに浸りきって詠われるものではないが、そうした意味づけはこの詩には見られない。

桃李の花が散る姿は、明確な終わりとされる。それゆえ、もはや再び会えないかもしれない人との別れや、不可逆に進む自らの老いと死に重ねられる。それでも花は来年も同じように咲くだろうが、来年の人はもはや今年の人と同じではない。

この詩の「落花」にも、そういう意味がこめられている。白居易の「桜桃島」の花の宴と同じ詠い方だ（→一章2）。

「花だけ」の時空

劉希夷は七世紀後半、唐代の時期区分でいえば「初唐」の人だ。二〇代で亡くなったとされ、数奇な人生でも知られるが、詠われた時期も注目される。

八世紀前半にボタンが「牡丹」として登場し、長安で流行していく。ほぼ同じ頃にランも「蘭」として鑑賞されるようになる。そうした新しい花の登場が、「実も花も」から「花だけ」への変化によるものだとすれば、「花だけ」への変化の始まりは、牡丹や蘭の出現よりもっと早いはずだからだ。その変化によって、ボタンが「牡丹」となり、ランが「蘭」になったと考えられる。

劉希夷の詩はその始まりの一端を映し出しているのではないだろうか。実際、この詩は「花だけ」を鑑賞する文化のなかで、くり返しなぞられ、いいかえられていく。平安時代初めの花宴の詩でもそうだ。嵯峨天皇は特にお気に入りだったらしい。

日本語圏ではこの詩は桃でも李でもなく、桜の花の散りゆく姿と重ねられてきた。それは錯誤ではなく、「花だけ」の意味づけで共通している。だからこそ、この詩の「桃李」に、日本のさくらを映し出せるのである。

第三章

東アジアの花の環

1　花たちのシルクロード

新しい花の文化

東アジアの新しい花の文化は、八世紀から明確にその姿を現わす。その展開は一連の花の環になぞらえることができる。

最初の中心地となったのは唐王国の首都、長安とその周辺の地域だ。八世紀の前半、そこに現在の牡丹や蘭が出現する。それらは中国語圏の伝統にはなかった花で、「花だけ」の花だった。そうした花に菊なども加えて、「花だけ」を主題として意味づけて鑑賞する文化が成長していく。

その波はやがて、周辺の地域にも伝わる。牡丹も各地に運ばれていっただろうが、詩文や工芸品とはちがって、植物の生育は気候に大きく制約される。牡丹も当初は、温暖で湿度の高い場所ではうまく育たなかった。

それが少なくとも一つの原因になって、東アジアのなかでも比較的暖かで湿った地域、植生でいえば常緑広葉樹林帯では、独自な花が見出されていった。海棠(カイドウ)や刺桐(デイゴ)、仏桑華(あかばなー)などだ。そうした花を主題として、「花だけ」を鑑賞する文化がそれぞれの地域で花開いていく。

　そうした姿は、花と花が織りなす環として描くことができる。日本語圏の桜はそのような東アジアの花の環のなかで、共通性と独自性を形づくっていく。本書の後半ではその歩みを見ていくが、その前に一つ、考えてみたいことがある。これまでの謎解きによって、新たな謎が一つ生まれた、といってもよいが。

「花だけ」はどこから来たのか

　二章1で見てきたように、中国語圏の伝統的な花の文化は、「実も花も」の形で、花を意味づけて鑑賞する。わかりやすくするために、これを《C1》と呼ぶことにしよう。《2》「花だけ」を鑑賞する文化とともに牡丹が登場し、「花王」と呼ばれるようになってからも、その伝統は長く保たれた。牡丹の花はむしろこの伝統に接続し融合し、いわばそれに接がれる形で、《C2》型ともいえる中国語圏の新たな花の文化の一部になっていく。

　だとしたら、その「花だけ」への関心は、どこから来たのだろうか。あるいは、「花だけ」を主題として鑑賞する文化が、八世紀やその前の長安周辺で形成されたとすれば、その「触媒」になったものは何だったのだろうか。

　くり返すが、文化や歴史は重層的に成立していく。全く新たなものが空白のなかで誕生し、成長していく可能性もゼロではないが、きわめて小さい。だとしたら、この「花だけ」の文化にも「源流」や「触媒」にあたるもの、つまりこの新しい文化が成立する上で大きな影響をあたえた要因があったはずだ。

それらは一体どのようなものだったのだろうか。

政治や経済に比べて、花の歴史ではデータになる史料は少ない。人類史の全体でみれば、東アジアの春の花については詩文や同時代の記録など、文書的な資料がよく残っていて、だからこそその時空を巡るこんな旅もできる。おそらくこれ自体も東アジアの花の文化の一部なのだろうが、それでも現在の科学の水準でいえば、要因に関して明確に特定できることは少なく、信頼性の劣る推測しかできない場合が多い。

その点をふまえた上で、ここではあえてそんな推測をいくつか、試みてみよう。

花と人の暮らし

「実も花も」と「花だけ」のちがいは人々の暮らしとも関連する。

一つの場所にとどまり、同じ樹や草を見つづけている人にとっては、「実も花も」という接し方はごく自然なものだ。農耕民のように、植物の成長に強い関心を向ける生活では、なおさらそうなる。花が開き、散り、やがて実が成るというのは、植物の基本的なあり方だからだ。桃や李のように、果実が重要な栄養源になる場合はとりわけそうである。

逆にいえば、「花だけ」への関心は、それとは異なる生活で生まれた可能性が高い。いやもう少し厳密に言い直そう。中国語圏のように「実も花も」の長い伝統をもち、かつ農業が主要な産業でありつづけた社会の外からやって来た。そちらの可能性の方が高い。

当時やその少し前の長安の周辺には、実際にそのような人々がいた。農業を主な産業とする漢族に対して、「遊牧民」と呼ばれてきた人々である。唐の王朝やその社会はそうした人たちを中心にして始まり、その生活や文化を融合させた形で成立する。

「遊牧民」という言葉も日本語圏では幻想をもたれがちなので、厳密に言い直しておこう。ここでそう呼んでいるのは、草原での放牧を主な産業の一つとして暮らす人々である。農業も営んでいる場合も、営んでいない場合もあるが、農業だけでは生きていけない。平均気温が低く降水量も少ないので、草は生えるが、穀物の収穫は多くなく、不安定でもある。そんな生態系のなかで生活している人たちだ。

四世紀ごろから厳しくなる東アジアの寒冷化のなかで、最も打撃を受けたのはこうした遊牧民たちだった(→二章2)。彼女ら彼らが生き延びるために、黄河平原や渭水盆地に進出する。それに押し出された漢族が長江流域に移り住むなかで、梅の花が再発見されたのではないか、と述べたが、花の文化の上ではこれはもっと大きな変化の一部だった。

草原の花園

遊牧で暮らす人々は家畜の食料となる草を求めて、一年の間に数か所、草原を移動する。花が咲くのを見るのは六～七月、夏の野営地であることが多い。牧草は三〇種類くらいある方が生態学的に安定するので、一面に同じ花が咲くことはないし、花期も少しずつちがうが、冷涼な気候なので、短い期間にさまざまな花が開く。

夏の野営地は遊牧民にとって特別な意味があるそうだ（相馬拓也『草原の掟』ナカニシヤ出版、二〇二二年）。一年のなかで最も暖かく、植物が最も良く成長する季節だからだ。そういう意味では、遊牧民の「夏」は、温帯モンスーン気候の農耕民にとっての「春」に近い。その「夏」の草原は花々によって彩られる。

それはただ美しいだけではなかっただろう。花の咲き具合が良くなければ、牧草の育ち方も良くない。そうなれば、羊や山羊、馬や牛たちの食料が足りなくなる。仔が育ちにくいだけでなく、成獣も十分に肥れない。そうした夏の次に来る冬の寒さは、さらに厳しいものになる。病気も広がりやすく、死ぬ家畜が多くなる。

遊牧民にとって、家畜は財産でもあり食料でもある。農耕民から穀物を手に入れるためにも、頭数は必要だ。彼女ら彼らの生活も植物に依存しており、草がうまく育たなければ飢えるしかない。だから、夏の花々にも強い関心を向けて見ていただろう。

けれども、穀物や果実を主な栄養源とする農耕民とはちがって、遊牧で暮らす人々は、その花が咲いたことで成る実を食べていたわけではない。だから、「花」―「実」というつながりには、それほど関心がなかっただろう。秋になれば夏の野営地から移動するから、花をつけた草が実を成らせ、そこからまた新たな草が生えてくる過程を見つづけることもない。夏の花咲く草原に戻ってくるのは九～一〇か月後、まるめていえば「一年後」だ。

花の巡りの約束

つまり、一年後に同じ土地に戻って来て、また同じ花を見る。そういう風に、花の季節に花と人が毎年出会う。そのような花との接し方になる。花が散った後はその土地から離れるから、その間にどうなっているのかを直接知ることもない。

わかりやすく描けば、農耕民が、

花　→　実　→　花　→　実　→

という連続した時間のなかで、花と実に接しつづけるのに対して、遊牧民は、花……花……花……花……


という断続的な、不連続な時間のなかで、くり返し花だけと出会う。

　それでも遊牧民にとっても、花はとても重要なものだった。夏の草原の花々は、その先の一年の暮らしを教えてくれるからだ。昨年と同じように花が咲けば、昨年と同じような生活がおくれる。そして来年またここに戻ってくれば、おそらくは同じように草が成長していて、同じような生活がおくれるだろう。

　花の様子が同じであれば、家畜も人も死ににくく、同じでありうる。花が同じであれば、人も同じでありうる。農耕民よりさらに過酷な生活をおくる彼ら彼女らにとって、草原の花園はたんなる「予兆」ではなく、そんな約束の証しに見えたのではないか。

　そういう意味で、遊牧民にとって花は「実も花も」ではなく「花だけ」に近い。「花だけ」を見て、また次の年、「花だけ」に出会う。正確にいえば、花をつけた草に出会うのだろうが、花が咲く土地を一度離れるので、花から実へ、実から花へという変態（メタモルフォーゼ）を目にすることはない。そういう意味でも「花だけ」に関心を向ける。

シルクロードの交差点

そう考えると、「花だけ」を鑑賞する文化が八世紀の前半、唐の首都の長安から本格的に姿を現わすという事実は、新たな意味をもってくる。

長安は黄河の支流である渭水が流れる盆地にある。渭水盆地とその東に広がる黄河平原の間には、函谷関などの関所があったように、かなり高低差がある。そして盆地の北にも西にも、遊牧で生活する人々が暮らしていた。盆地から西へ延びる河西回廊を進めば、敦煌と玉門関があり、タリム盆地へつづいていく。いわゆる「シルクロード」、正確にいえば、東西交通路のなかの「オアシス・ルート」だ。

北へ行けば、オルドスを経て、モンゴル高原やアルタイ山脈に出る。こちらは東西交通路の「草原ルート」にあたる。西南方向はチベット高原に通じる。ここも遊牧で暮らす人々が多い世界だ。

こうした渭水盆地の性格は「農牧境界地帯」とも呼ばれる。渭水盆地自体は農耕民が多く住む地域だが、遊牧民の世界に接している。だから「境界地帯」であり、歴史的にも遊牧民の社会や文化と接触する空間になってきた。それこそ「中国四千年」の歴史を遡れば、周も秦ももともと遊牧民だ。

唐の社会の成り立ち

それだけに、ここは遊牧民の大量南下による影響が特に大きかった地域でもある。日本語圏で漠然と「中国の」といわれる生活様式や文化は、それによって生まれたものが多い。妹尾達彦の『長安の都市計画』によれば（一八三～八五頁、講談社選書メチエ、二〇〇一年）、

四世紀初の五胡十六国時代……から六、七世紀の隋・唐代にかけての時期は、北方の遊牧民や、インドや西アジアの諸都市からの影響が、宗教のみならず、社会生活の多方面におよんだ時期にあたる。

すなわち、西アジアからもたらされた粉食品の流行や、西域の蔬菜や果樹の栽培、遊牧風・西域風の服装やヘアスタイル・装身具・食器・金銀工芸品・音楽・舞踊・絵画・香薬・盤上遊戯、騎馬をもちいる軍事技術や娯楽、さらに、椅子とテーブルを基本とする生活のスタイルなどが、遊牧民の移動にともなって、中国の社会にとうとうと流入してきた。……

このような遊牧・牧畜文化の浸透ぶりを、最近では……遊牧民の鮮卑族の支配部族である拓跋部の文化的影響を重視して「拓跋化（tabgatchization）」とよぶこともある。

……この点で、この四世紀から七世紀にかけての状況は、一九世紀から二〇世紀にか

けて、欧米の文化が、中国に深い影響を与える時代状況と似ており、中国の歴史のうえで、もっとも興味深い時期の一つであるといえるかもしれない。

王朝も遊牧民起源

中国史にそっていえば、南北朝の後、隋が統一王朝になり、唐が引き継ぐが、隋も唐も遊牧民の王国である北朝の方に連なる。どちらの王室の始祖も華北を統一した鮮卑族の王国、北魏の軍人だった。鮮卑族の姓をもち、鮮卑語を話していたと考えられている。現代的にいえば、エスニシティは漢族ではなく、鮮卑族だ。

彼らが長江流域の南朝を滅ぼして建てた王朝が隋であり、唐である。それゆえ例えば唐の皇帝は「天可汗」という遊牧民の王の称号も名乗った。「胡風」と呼ばれる西方から流入した文化もさかえたが、王朝自体が「胡風」というより「胡」だった（森安孝夫『シルクロードと唐帝国』講談社学術文庫、二〇一六年）。

王室や上位の貴族たちの日常生活も遊牧民の習慣を色濃く残し、漢族に比べて女性の地位も高かった。七世紀の後半には中国史上ただ一人の女性の皇帝、武則天によって唐の王朝はいったん断絶し、彼女の死とともに復活する。牡丹の流行が始まる八世紀前半は、その後の時期にあたる（大室幹雄『遊蕩都市』三省堂、一九九六年）。

だとすれば、そこに遊牧民の文化の影響を想定するのは、むしろ素直な推測だろう。中国語圏の漢族を中心とした社会は、もともと「実も花も」の花の文化をもっていた。それはそのとき、すでに二〇〇〇年以上の長い伝統をもち、農耕民の花の接し方としても自然なものだった。だからこそ、それとは異なる「花だけ」への関心は、その外から来たと考えた方が自然になる。

文化の融合と展開

だから、こういえるのではないか。

八世紀前半の長安に花開いた《2》「花だけ」を鑑賞する文化は、中国語圏の伝統ではなく、北方や西方の遊牧民の文化が出発点になった。《C1》「実も花も」鑑賞してきた中国の文化もその影響を受けて、《C2》新しい花の文化へ変わっていった。

その波は同時代の日本列島にも及んでいく。そこで暮らしていた人たちは、もともと桜を《J1》「咲くもの」として見ていた。そこに中国語圏から《C1》「実も花も」詠われる文化が、そしてほとんど時間差なく、《2》「花だけ」を鑑賞する文化も渡来してきた。『万葉集』の梅の歌も桜の歌もそのなかで詠われた（→二章2）。

「梅から桜へ」交代説で語られてきた変化は、本当はそのようなものだった。少し格好つけていえば、私たちにとってなじみ深い、桜の花を鑑賞する文化の源流の一つは、東アジアや中央アジアの遊牧民の世界にある。いわばシルクロードから伝来してきたものだ（川口久雄『花の宴』吉川弘文館、一九八〇年など）。

その影響を受けて、**《J2》**日本語圏でも新たな花の文化が育まれる（**図3－1**）。

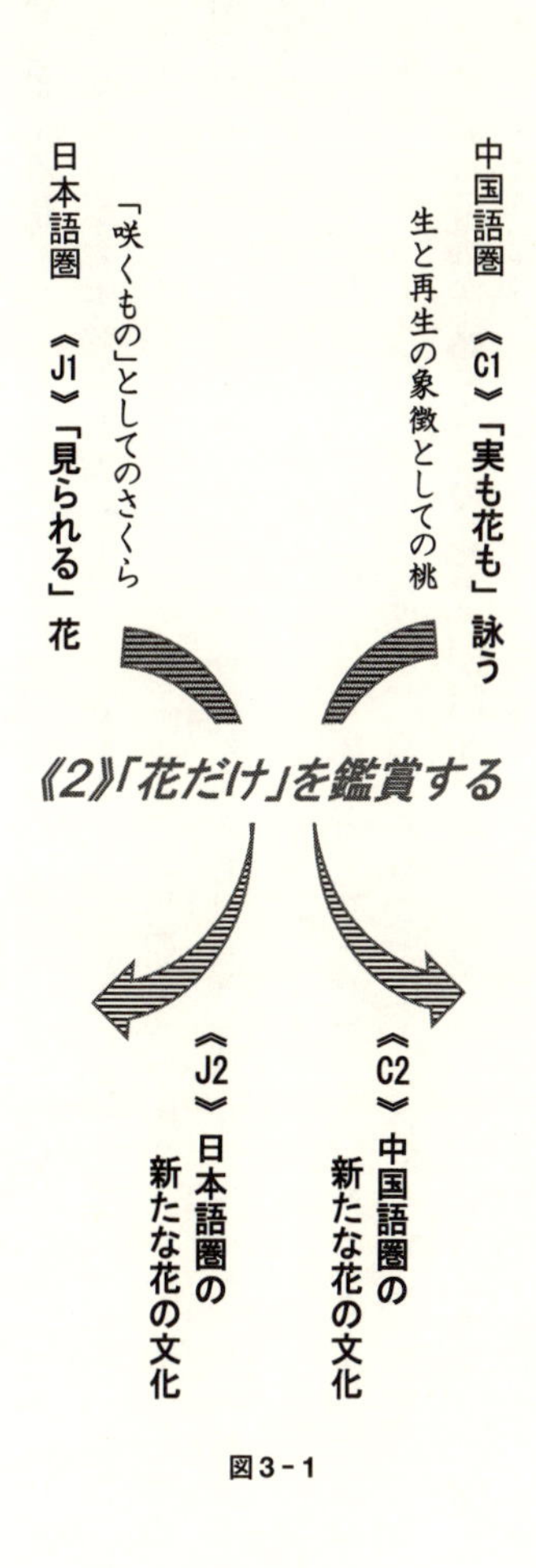

図3－1

農業技術の変化

長安のある渭水盆地も黄河平原も、もともとはアワが主要な穀物だった（原宗子『環境から解く古代中国』大修館書店、二〇〇九年など）。収穫期は秋だけで、春から夏にかけては食料が乏しくなる。だからこそ、その期間に食べられる桃や李や杏や梨や、梅や桜などの果実が重要だった。

それが四～五世紀から冬小麦の栽培が広まり、麦とアワ、大豆などを組み合わせた二年三毛作へ変わっていく。一年に収穫期が二回あることで、食料供給がより安定的になった。それによって実が成ることの切実さが緩和されて、花だけを楽しむこともやりやすくなったのではないだろうか。

二章3で述べたように、詩文では「中唐」になると花への注目度があがるが、同じ時期に両税法という新しい税制度も始まる（森部豊『唐』中公新書、二〇二三年など）。細かいことは省略するが、秋だけでなく、初夏にも税を納めさせることから、こう呼ばれる。これも麦の栽培が長江流域まで拡がったことによる。

小麦を主食とする粉食の文化は西アジアから入ってきて、八～九世紀には華北の主食が小麦に変わる（妹尾前掲など）。それによって冬麦が主要な穀物になり、食料供給がより安定して、花だけを楽しむ文化が定着できたとすれば、これ自体も西方からの影響だといえる。

生まれ変わりの思想

東アジアに「花だけ」を鑑賞する文化を生み出した要因は、他にも考えられる。こちらは遊牧民の暮らしの影響よりも、さらに抽象的で、論理的な関連性だけにもとづく推測になるので、簡単に述べておく。

一つはインドから中央アジア経由で入って来た仏教の思想だ。遊牧民の暮らしでは、

花……花……花……花……

という形で、不連続な時間のなかで、くり返し花だけと出会う。この出会い方は仏教の輪廻の思想にも似ている。花が生まれ死んでいく。そこで一つの生と死が終わり、さらに時間をおいて、来年の花でまた生と死が反復される形になるからだ。

それに対して、農耕民の暮らしでは、花が咲いて散ることで実が成り、その実を植えれば芽吹いて草木になり、やがてそこにも花が咲く。そのなかには明確な区切りはない。あるのは連続的な変態だけだ。花は実に生まれ変わるのではなく、次第に実に成っていく。

そこには「死」によって区切られる明確な「自己」はない。

だから、「実も花も」関心を向けられるなかでは、花が開いて散ることに人の生死を投映するのはむずかしい。それに対して、「花だけ」へ関心を向けるなかでは、花が開いて散るのは、人間が生まれて死ぬことによく似て見える。さらに次の春に「同じ花」が戻ってくると考えれば、仏教の輪廻の思想にも似てくる。

それゆえ、「花だけ」に関心を向けるようになれば、花は人に似て見えるし、輪廻のような思想も身近に感じられる。とりわけ花が昨年と同じように咲く、夏の草原に戻って来る人々にとっては。いや、戻って来たいと切実に願う人たちにとっては。

花の意匠

もう一つは花の意匠（デザイン）化と、それに関連した美術工芸だ。こちらは「花だけ」を鑑賞する文化の一部ともいえるので、原因とも結果ともいいがたいが、工芸品や絵画や彫刻は具体的に目で見て、手で触ることもできる。空間と時間をかなり隔てていても伝わる。文化の媒介としては大きな役割をはたすので、やはり簡単にふれておこう。

「花だけ」を鑑賞する文化は、植物の生育サイクルからいわば花だけを切り出す。そして、その花が花として生まれ死んでいくとすれば、花の本来の姿は実に成っていく過程ではなく、花盛りにある。つまり、満開の姿こそが花の本質にあたる。それを人工的に固定することも、花の本質を人間の手で表現したものになる。

だから「花だけ」へ関心が向くと、花が満開の姿で意匠化されやすい。描かれた花や工芸品は花の擬いものというより、むしろそちらの方が花の本質を具現したものになる。

そういう形で花だけが切り出され、人工物として固定される。切り出しという点では、仏教の輪廻の思想にも通じる。というか、連続的に変化するなかから特定の状態だけを切り出すこと自体が、抽象化であり、観念や思想の産物であることが多い。

もちろん、これらもあくまでも、そうした関連性が考えられるというだけだが、東アジアにかぎっていえば、仏教という宗教思想は輪廻の考え方と一緒に、インドから中央アジアを経由してやって来た。そのなかで花は意匠化されて、宗教美術の重要な一部になっていた。それらを最も早く受容したのも遊牧民の社会であり、そしてタリム盆地のオアシス都市や、それに連なる敦煌のような都市だった。

長安のある渭水盆地は、それらと直接接する「農牧境界地帯」だった。長安もたびたび遊牧民の王国の首都になっている。隋や唐は系譜でも文化でも、それを引き継ぐ。仏教と仏教美術がさかんで、その初期の造形は敦煌や大同の石窟に、今も残されている。

それらもまた、東アジアや中央アジアの遊牧民の世界を通じて、いわばシルクロードを通ってやって来た。

2　伝播する花と独自な花

南からと南へと

「花だけ」の文化にはもう一つ、南方の影響も考えられる。**《2》**「花だけ」の文化がはっきりと姿を現わすのは八世紀だが、その前の南北朝時代の南朝の王国でも、梅や桜の花が見出されている。詩文の詠い方は**《C1》**「実も花も」の伝統にそうが、文化の中心地の一つが長江流域になることで、花への注目度があがった可能性はある。

南朝の文化にも仏教の影響は見られるが、漢族が大量に移住してくる前、長江流域はタイ族に近い人々が住んでいた。その文化は「呉越文化」とも呼ばれる（野村伸一『東シナ海文化圏』講談社選書メチエ、二〇一二年）。呉越文化には花祭りの伝統がある。花飾りや花の意匠化はそちらから来た可能性もある。

文献史料がほとんどなく、時間的な変遷を追うことはできないが、桜のような、独自の「花だけ」の花が見出されるのは、「蜀」＝四川盆地などの長江流域と、福建省、台湾、琉球諸島から朝鮮半島西岸、日本列島にかけての、常緑広葉樹林の地域だ。それをふまえると、「花だけ」を鑑賞する文化はおそらく、南方からの影響も受けている。特に八世紀後半以降、他の地域に拡がり、独自な花が見出されてくる上では、それぞれの地域の花の文化が大きく関わっていただろう。

花たちの変遷

日本語圏の場合、漢字を導入しながら独自の言語が使われつづけ、文献史料も比較的旧くから残されている。それによって《J1》「咲くもの＝さくら」のような、中国語圏の花の文化と接触する前の状態が復元できるが、それ以外の地域も史料がないだけで、それぞれの花の歴史をもっていたはずだ。

だから「花だけ」を鑑賞する新しい文化の波は、特定の社会が創り出したものではない。唐の首都長安が最初の大きな発信地になったが、そこには西方や北方の遊牧民の文化や生活習慣が深く関わっていた。それが新たな地域に伝わると、そこにあった花の文化とさらに接触と融合がおきて、独自の花の文化が生み出され、新たな発信地にもなる。**東アジア**

の花の環はそのような相互作用によって創られていった（↓終章2）。

梅の花が鑑賞されるようになったのもその一端だとすれば、南北朝の時代の長江流域ですでに変化が始まっていたと考えられるが、史料の限界から、いつ・どこでの時空をこれ以上特定するのはむずかしい。はっきりいえるのは、八世紀前半の長安を中心とした牡丹の流行から、それが大きな波になることだ。

「蜀の海棠」

私たちになじみ深い春の花々のなかには、そのなかで広く知られるようになった「花だけ」の花がいくつもある。「蜀の海棠」と呼ばれた、本海棠（海棠花）もその一つだ。

海棠は桜と同じバラ科だが、サクラ属ではなくリンゴ属に分類される。海棠にもいくつか種類があり、本海棠、花海棠、実海棠の三つが特に知られている。日本でよく見るのは花海棠だ。日本語で「海棠」というと今は花海棠をさすことが多いが、もともとは「垂糸海棠」と呼ばれていた。

その名の通り、小花柄が長く、枝も下向きになりやすく、枝垂れて見える。花は艶やかな紅色で、花期も重なるので、桜と見まちがえることも多い。東京に観光に来たのだろう、若い男女の二人連れがその下で楽しそうに自撮りする姿を、私も見かけたことがある。

一方、中国では本海棠の方がよく知られており、こちらが「海棠」「海棠花」と呼ばれる。実海棠は実がよく成ることからこう呼ばれるが、秋が収穫期であることもあって、これも主に鑑賞用だ。中国語では「西府海棠」とも呼ばれ、海棠のなかで最も優美だともいわれる。

海棠の詩人

以下では本海棠を「海棠」と呼ぶことにするが、中国語圏の詩文でこれを初めて詠ったのは、やはり「中唐」の薛濤だといわれている（植木前掲、詹満江編『浣花渓の女校書　薛濤の詩を読む』汲古書院、二〇二二年など）。薛濤は成都、あの「蜀」の都の楽妓だった人だ（↓一章2）。「海棠渓」という詩では、こんな風に詠っている。

春教風景駐仙霞（春は景色に仙界の霞をとどめさせ）
水面魚身総帯花（水面の魚は皆その身に花を映すが）
人世不思霊卉異（人の世は霊妙な花の不思議さに気づかず）
競将紅纈染軽沙（競って紅い絞り染めの布を干している）

海棠の、白に紅が入った明るい花は水面に写すとさらに映える。あの花宴での歌にも似た表現が使われており、長安のさらに西、敦煌に残された唐代の花の詩にも見出されるが（川口久雄前掲二三～二四、六二～六六頁）、薛濤の詩では、それが鋭い色彩感覚と巧みな抒情に結びつく（「春望詞　其二」）。

花開不同賞（花が開くのをともに賞でることなく）
花落不同悲（花が落ちるのをともに悲しむことなく）
欲問相思處（一体いつなのか、互いのことを思うときは）
花開花落時（花が開き花が落ちる季節だというのに）

花が「開」くのを「賞」でて、花が「落」ちるのを「悲」しむ。その対称化も「花だけ」の特徴をきれいになぞっているが、それを「同」にできない憂いへ落とし込む。海棠が実を詠われない花であることも、実りのなさをいっそう際立たせる。

見出された花

海棠をめぐっては一つの謎がいわれてきた。

一章2で紹介した杜甫は八世紀の半ばすぎに一〇年近く、四川で暮らしている。「桜」の詩もそのときに詠んでいるが、杜甫の詩には海棠が全く出てこない。当時はまだ鑑賞されていなかったともいわれるが、薛濤との時間差を考えると、あまり現実的ではない。

杜甫の詩には牡丹も明確には出てこない。彼がいたころの長安ではすでに牡丹の流行が始まっていた。海棠も牡丹も目立つ花だ、目にとまらなかったとは考えにくい。桜や梅とちがって、この二つの花は中国語圏の「実も花も」の伝統には全くなかった。そういう花を詠うことを好まなかったのかもしれない（岩城前掲六六頁）。

一方、薛濤の人生に関しては確実な記録は残っていない。子どものころに成都に移り住み、身売りされて官妓になったが、もともとはゆたかで、詩文の教養がある家庭で育ったのだろう。彼女の詩の多くは九世紀の最初の三〇年間に作られているが、当時の長安では牡丹が大流行していた。もしかすると、長安で育った彼女が「牡丹のような花」として海棠を見出し、詠い始めたのかもしれない。そんな可能性も考えられる。

花が好きな杜甫が牡丹も海棠も詠わず、その数十年後に薛濤が海棠を詠い、長く記憶されるようになる。それも「実も花も」から「花だけ」への転換期ならではの出来事なのだろう。どちらの文化にどれくらい親しいかは、一人一人で異なる。だからこそ海棠の謎も生まれたのではないか。

『酉陽雑俎』にも海棠は出てこない。温庭均の詩には出てくるが、この花が「蜀の海棠」として有名になるのは、やはり宋の時代になってからである。平安時代の日本語圏で「花」といえば桜になるように、南宋の時代の成都では、ただ「花」といえば海棠をさすまでになる。さまざまな園芸品種も作られて、各地に広がっていった。

土地土地の花々

牡丹の流行は九世紀以降さらに大きくなり、中国の花の文化で「花王」の位置を占めるようになる。

原産地に近い洛陽では、宋の時代にはただ「花」といえば牡丹をさし、鑑賞用の品種でも他の花は「某花（何々の花）」や「果子花（実の成る花）」と呼ばれていた（欧陽脩「洛陽牡丹記」佐藤武敏編訳『中国の花譜』平凡社東洋文庫、一九九七年）。樹が老化するのを恐れて、花が散り始めれば枝ごと切り落とし、実が成らないようにした。「花だけ」、それも花の盛りだけを鑑賞したようだ。

それに対して、その南側の地域では、日本語圏の桜や「蜀の海棠」のように牡丹と等価な意味をもちうる花が独自に見出され、詩文の主題にもなっていく。桜や海棠は詩文を通じてその過程が具体的に追跡できるが、他の地域にも同じような花は見出される。

『酉陽雑俎』は「閩」、すなわち現在の福建省あたりの特産として、二つの花をあげている。一つは「仏桑華」で、現在のブッソウゲと同じものだろう。自生地は福建省から広東省までの華南の沿岸地域、台湾、琉球諸島などで、寒緋桜とほぼ重なる。沖縄では「赤花（あかばなー）」とも呼ばれる。現代の日本では、ハイビスカスの一種といった方がわかりやすいかもしれない。

亜熱帯の紅い花

もう一つは「貞桐」だ。こちらは名称から特定するのがむずかしいが、有力な候補がある。「刺桐」、デイゴだ（飯倉照平『中国の花物語』三三頁、集英社新書、二〇〇二年）。仏桑華と同じく春に咲き、自生地もほぼ重なる。

刺桐はマメ科で、花の形状もかなり特異だ。花色は橙に近い紅で、温帯や亜熱帯の明るく濃い緑のなかでも際立つ。これも今は、東京でも見かけるようになった。

刺桐は詩文にも出てくる。一〇世紀の半ばごろ、五代十国の時代に福建省の都市、泉州の城壁が拡張される。当時の泉州は貿易港として栄えていた。周囲一〇キロほどの新たな城壁の上には土堤が築かれて、刺桐が植えられた。紅色の花に囲まれるその姿を描いた陳陶の詩も、よく知られている（「泉州刺桐花詠兼呈趙使君」）。やがて泉州は「刺桐城」と呼ばれるまでになる。

地域を代表する花になったのは海棠よりもさらに少し後のようだ。晩唐から五代の詞を集めた『花間集』でも李珣が詠っているが、泉州ではなく、広州の地名が出てくる(「南郷子　其十」)。もともとは「閩」というよりも、華南の花だったのだろう。

文化が伝わり、浸透するまでは、ある程度時間がかかる。「花だけ」の花を鑑賞する文化でも、独自な花が見出されるには、一〇〇年以上かかるようだ。宋の次の統一王朝、元とモンゴル帝国の時代には、泉州は中国の主要な海外交易港として世界的に知られるようになる。

マルコ・ポーロもイブン・バトゥータもここを訪れているが、当時のイスラム圏では泉州は「オリーブ」にあたる名で呼ばれていた。これも「刺桐」の現地での呼び方を、音が近いアラビア語の言葉に置き換えたものらしい。イブン・バトゥータは「この都市はオリーブと呼ばれているのに、オリーブが一本もない」と書いている。

半島の「海石榴」

花と土地の結びつきを考える上で興味ぶかい地域が、もう一つある。

『酉陽雑俎』には「新羅には海石榴が多い」と書かれている(『酉陽雑俎5』前掲一九一頁)。

「山茶に似ている」、つまり現在のツバキに見た目が近い、とも述べている。訳注ではヒメザクロだとしているが、ザクロとツバキでは花や葉の形状はかなりちがう。

　段成式は花が好きで、それぞれの花の形状や特徴を簡潔にまとめている。立葵など、外来の植物には特に関心があったようだ。ザクロとツバキのちがいに気づかなかったとは考えにくい。「山茶に似ている」というのは、「柘榴」とついているがツバキの花や葉に近い、という意味ではないだろうか。

　そう考えた場合、「海石榴」は日本語の「つばき」と同じ、ヤブツバキにあたる。ヤブツバキの自生地は日本列島の本州と四国と九州、朝鮮半島西岸で、ヤマザクラや彼岸桜と空間的にはほぼ重なる。ツバキ属全体も長江流域を自生地とするものが多い。

　わかりやすくいえば、桜(サクラ)も椿(ツバキ)も常緑広葉樹林の花だった。そんなツバキを『酉陽雑俎』では「新羅」、つまり朝鮮半島の王国の名産の花としてとらえていた。

独自な花とは

　八世紀前半に唐の首都長安付近から始まった《2》「花だけ」を鑑賞する文化は、やがて東アジアの各地域に伝わっていく。そのなかで日本語圏では桜が独自の「花だけ」の花として見出され、ほぼ同じころに「蜀」＝四川では海棠がやはり独自の「花だけ」の花と

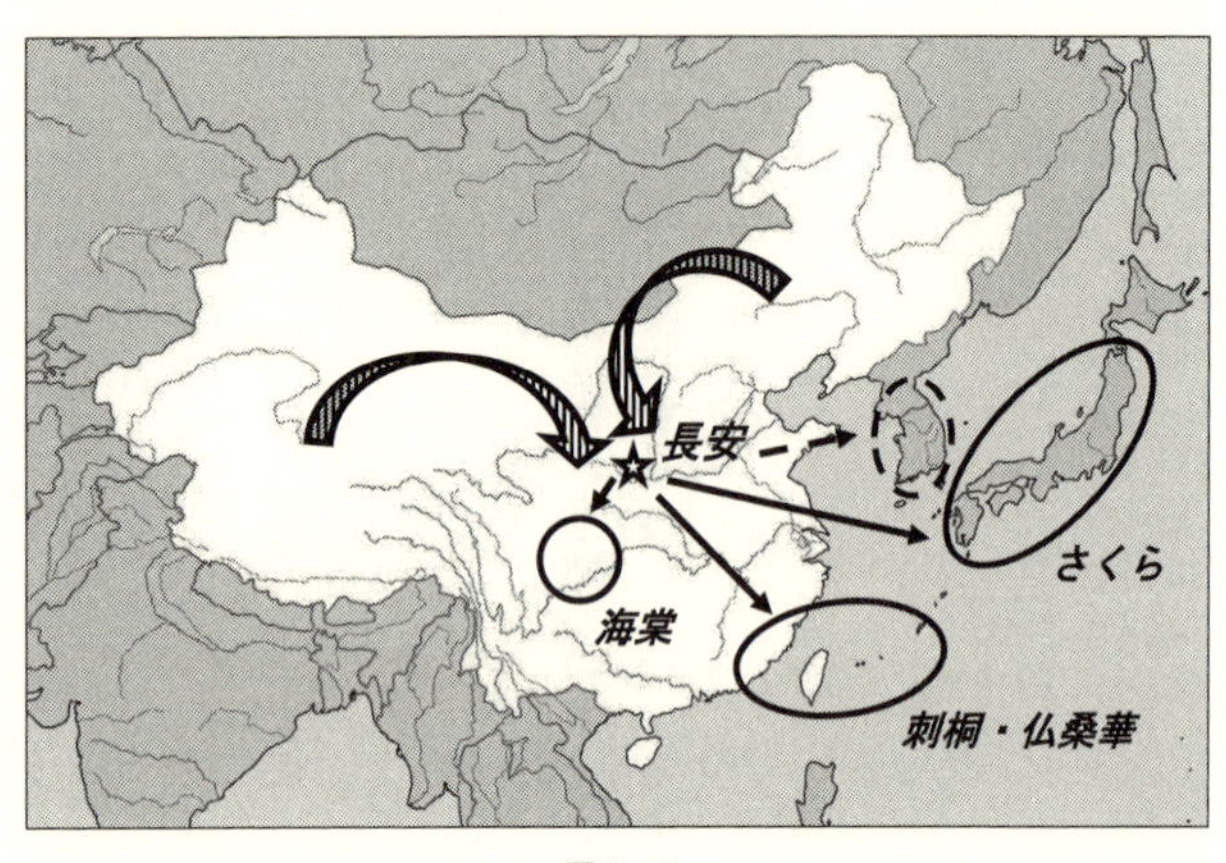

図3-2

して見出される。さらに少し遅れて、「閩」＝福建省や近くの島々の空間では、刺桐（デイゴ）や仏桑華（あかばなー）がやはり独自な花として見出される。

まるで花飾りの輪のような、「東アジアの花の環」だ（**図3-2**）。それぞれの地域で「ただ花といえば……」の花が生まれる。その点にかぎれば、「花といえば桜」になるのは、日本だけに特異におきた出来事ではない。

「独自な花」も、定義しておこう。ここでそう呼んでいるのは、他の地域では特に高い価値や大きな意味をもたなかった花に、高い価値や大きな意味を見出し、それと花をともに育てていくことである。

この定義からもわかるように、ただその地域にもともとあった、というだけでは、独自な花にはならない。他の地域にもあったが、高い価値や大きな意味が見出されていなかった。そうした花の方が、独自性がより明確になる(→一章3)。植物としては共通だからこそ、ちがいが際立つのだ。

むしろ、他の地域の人々が科学的な根拠なしに、それを「自分たちの方が起源だ」と主張する。そちらの方が、その花に高い価値や大きな意味を見出すのに失敗した――そんな自覚を無自覚に表わしている。桜の原産地主張でもそうだ。だから「ばかげている」のである(→序章2)。

ありえた歴史とあった歴史

だから、ここで一つの反実仮想を試みることもできる。

「晩唐」も終わりごろ、新羅の出身で、唐の文人官僚として活躍した崔致遠という人がいる。彼の詩に「故園花」が出てくる(https://zh.wikisource.org/wiki/桂苑筆耕集/巻二十)。故郷の花のことを思い浮かべていたのだろう。どんな花かを知る手がかりはないが、ツバキはそれになりえたと思う。

宋の時代の『太平広記』という百科事典でも、「新羅には海紅ならびに海石榴多し」と書かれている。だとすれば、朝鮮半島のツバキも、日本の桜と同じように、独自な花になりえたのではないだろうか。

いうまでもなく、現実にはそうはならなかった。ツバキはむしろ日本語圏の花、「つばき」として知られるようになる。韓国語圏を代表する花として、現在よくあげられるものは二つある。一つは木槿（ムクゲ）。これは大韓民国の国花ともされている。もう一つは「チンダレ」、ツツジだ。

ツツジとツバキと桜

ムクゲは『詩経』にも出てくる。中国語圏では桃や李と同じくらい、伝統的な花だ。白居易の「松は千年生きて最後は朽ちる　槿の花は一日だが咲き誇る」も名句とされて、『和漢朗詠集』にも載せられている（→一章2）。

ツツジは「杜鵑花」「山石榴」とも呼ばれる。自生地はツバキや桜とやはり重なる。杜牧の「山石榴」が有名だが、李白や白居易、元稹らも詠っている。その点でいえばツツジの方が桜により似ているが、山石榴（ツツジ）も海石榴（ツバキ）も韓国語圏に独自な花にはならなかった。

これらの花々はむしろそうした形で、この空間がもつことになった独自の歴史を映しているのかもしれない。ツバキやツツジは桜と自生地がほぼ同じで、唐の詩人たちにも詠われていたのも同じだ。だからこそ、ツバキやツツジが日本語圏の桜とちがって、独自な花にはならなかった。その事実が意味をもちうるのである。

3　桜の春が始まる

私たちにとってなじみ深い「桜の春」は、そのような花の文化の展開のなかで創り出された。

牡丹に始まる新しい花の波は、海棠や刺桐、蘭などを新たに花開かせ、ツツジやタチアオイなどをさらに引き立てながら、東アジア全域に及んでいく。それはまるで夏の草原の、花園の記憶を新たな姿で蘇らせているようにも見える。

花々の時空

そんな想像があたっているのかどうかはこれ以上、確かめようもないが、この時期に、東アジアの花の文化は大きな変化を見せる。例えば、嵯峨天皇の花宴は八一二年に平安京、現在の京都の神泉苑で開かれた（→一章1）。白居易の「春風」の詩は八三一年に作られた（→一章2）。「蜀の海棠」を詠った女性詩人、薛濤の最後の作品もこのころに作られている（→三章2）。

その一〇〇年前には唐の首都長安で牡丹の流行が始まり（→二章3）、日本の大宰府では大伴旅人が花を主題にする歌を作り始めていた（→二章2）。ちょうどこのころから、日本語圏でも中国語圏でも新しい花の文化がはっきりと姿を現わしてくる。もちろん、それぞれの花の文化はそれぞれの歴史と慣性をもち、おきた変化は同じものではない。

中国語圏ではその数百年前から遊牧民が進出し、仏教思想などの西方からの影響も加わって、従来の漢族の社会や文化を大きく変容させていった。「唐民族」という新たなエスニシティをそこに見出すこともできる（森安前掲三七頁）。少なくとも花の文化では、そんな表現の方がふさわしい。

そのなかで伝統的な「実も花も」から、「花だけ」を鑑賞する文化へ移っていく。八世紀前半の牡丹の流行はむしろその完成形の始まりであり、南北朝時代の梅の花の再発見や「梅花落」の詩文は、過渡期の一端を見せてくれるが、現在も中国語圏の花の文化は「実も花も」の性格を色濃く残している。その意味でも、転換するというよりも、接続するといった方がよい。

桜の歌の偏り

日本語圏の花の文化もその影響を受けて、変わっていく。

文字記録が残るはるか前から、日本語圏では桜が《J1》「咲くもの」としてよく見られていたが、花を主題として意味づける営みはなかった。中国語圏の詩文と本格的に接触す

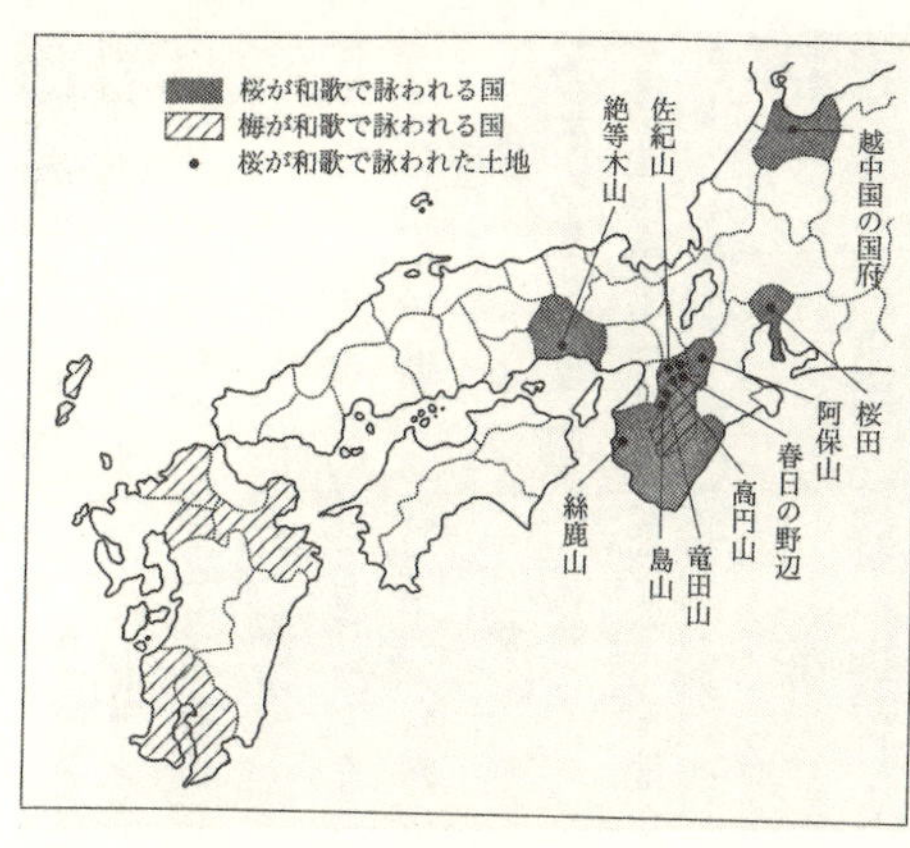

『万葉集』の桜花歌と梅花歌の関係国の図。桜花歌は宮都大和国とその周辺国であり，梅花歌は大和国と九州に偏っている。越中国は大伴家持が国守となっていた。

図3－3

ることで、それが輸入される。当時の中国語圏では《C1》桃に代表される「実も花も」の上に、《2》「花だけ」が重ね書きされつつあった。それゆえ、両方があまり時間差なく入って来たと考えられる。

『万葉集』に出てくる梅の歌と桜の歌には、面白い共通点がある。ともに特定の地域で詠われているのだ。それぞれ関係して出てくる旧国名を地図で表わすと、**図3－3**のようになる（有岡利幸『桜I』四九頁、法政大学出版局、二〇〇七年）。

梅の歌の場合、九州以外では奈良県、すなわち首都の平城京があった大和国にかぎられる。正確な年代が推測できる歌のなかで最も早いのは七三〇（天平二）年、あの梅花の宴での三二首である。

そのため、「中国の影響」が強調されてきたが、桜の歌に関係する地域もかぎられる。図の解説にあるように、大和国とその周辺で詠われている。越中国、現在の富山県があるのは、大伴家持が国守として赴任したことによる。

特に注目されるのが「東歌」や「防人歌」だ。これは「東国」、主に現在の関東地方に住んでいた人たちの歌を採録したものだが、そこにも桜は出てこない。正確にいえば、桜ではないかと思われる「花」もあるが、特定まではできない。

文化の到来と変容

南関東の沿岸は大島桜の自生地だ。大島桜は特に花が大きい。華麗さを求めて品種開発された八重桜の多くも、大島桜の系統を引く（↓序章2）。花弁の白さも明るい緑のなかで際立つ。

つまり、「東国」は特に桜が目立つ土地であり、かつ中国文化の影響は西日本よりもはるかに弱い。にもかかわらず、桜が特に詠われていない。もし『万葉集』に梅の歌が多いのが「ハイカラ趣味」によるものならば、「東歌」には桜の歌が多いはずだが、そうなっていない。

これも意外に思えるかもしれないが、梅や桃を主題として詠う歌の営みの上に、桜を主題として詠う歌が作られていった、と考えればわかりやすい。

梅や桃は水田耕作に前後して果樹として入って来たから、日本語圏でも「実も花も」の意味づけは体感しやすい。それを通じて、花を主題として詠うことを学び、さらに「花だけ」を主題にした新たな表現も取り入れていった。《C1》から《2》への展開を「圧縮された」形で、あるいは「早送り」で経験した。

それゆえ、『万葉集』には《C1》と《2》がともに見出される。大伴旅人たちの梅花の宴の歌群にもどちらもあるし、その子どもたちの世代の梅の歌にもどちらもある。その上に、桜を「花だけ」の花として見出し、それを主題として詠う営みが積み重ねられた。

日本語圏の桜は「咲くもの」として見られつづけてきた。「実も花も」が味覚や触覚もふくめて対象と接するのに対して、「花だけ」では視覚で接する。その点で桜は「花だけ」とは相性がよい。「実も花も」から「花だけ」へ変わりつつあった梅や桃の花の表現も学習し、素材として取り込みながら、「花だけ」の花である桜を主題にする表現を手探りで作っていったのではないか。

転換と接続

そのような形で、日本語圏の桜は特権的なものになっていく。いやむしろ「咲くもの」

として見られてきた桜を特権的な対象として再発見することで、「花だけ」を鑑賞する文化は、日本語圏により深く浸透していった。そこに《**J2**》というべき桜の花の文化が生まれる。

そう考えると第二章の最初にあげた「謎」、

（3）日本語圏では九世紀以降、桜が詩文に詠われるようになる

も、自然な展開として位置づけられる。

そういう意味でも、新しい花の文化の出現は「接ぐ」「接続する」といった方がよい。それ以前のものが消え去ったわけではないからだ。旧い文化がほぼそのまま残る部分もあれば、新たな文化とあわさって独自の色あいが生まれることもある。

もう一度、第二章の最初にあげた桜の時空図を載せておこう（**図3-4**）。番号も付け加えておく。第四章・第五章の予告もかねて、**図2-1**や**図3-1**から、言葉も少し変えた。

桃から桜へ

『万葉集』にもそうした重層を見出すことができる。例えば、大伴家持の桃李の歌もその

一つだ。

春の園紅（くれない）にほふ桃の花下照る途に出で立つをとめ　（巻一九・四一三九）
我が園の李（すもも）の花か庭に落るはだれのいまだ残りたるかも　（巻一九・四一四〇）

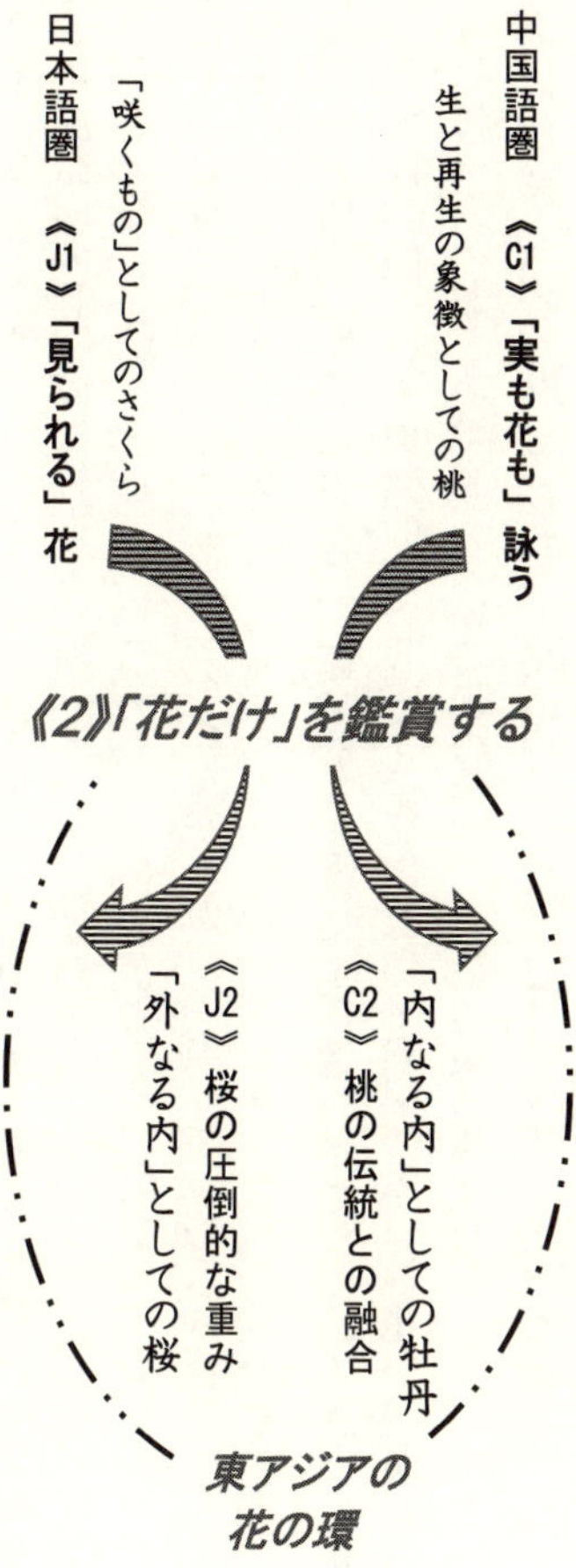

中国語圏　《C1》「実も花も」詠う
生と再生の象徴としての桃

日本語圏　《J1》「見られる」花
「咲くもの」としてのさくら

《2》「花だけ」を鑑賞する

「内なる内」としての牡丹
《C2》桃の伝統との融合

《J2》桜の圧倒的な重み
「外なる内」としての桜

東アジアの
花の環

図3-4

紅と白で鮮烈な視覚イメージをあたえる有名な連作だが、桃李と並べたことだけからも、家持が中国語圏の詩文の伝統をよく知っていたのがわかる（→二章2、鈴木道代「『万葉集』の桃花と中国文学」『國學院雜誌』一一六（一）、二〇一五年など）。《C1》「実も花も」の意味づけもふまえれば、「咲く」―「散る」のつながりから「実り」が暗示されて、明るくゆたかな性愛まで匂い立ってくる。

桜語りを自明化した読み方では、観念的な想像による歌だとされているようだが、むしろ具象的で肉体的、いや肉感的な感覚にとんだ歌だ。「春園に赤い桃花が満開になっていて、其処に一人のおとめの立っている趣の歌で、大陸渡来の桃花に応じて、また何となく支那の詩的感覚があり、美麗にして濃厚な感じのする歌である」（斎藤茂吉『万葉秀歌（下）』一七三頁、岩波新書、一九三八年）。艶やかさでは、東アジアの桃の詩歌のなかでも指折りの作品だと思う。

桜ではこうした歌は作れない。日本語圏の桜は「実り」へはつながらないからだ。梅でもむずかしいだろう。桃か李でなければ、こんな歌は作れない。裏返せば、桜が春の花を代表する花であることで、日本語圏の花の文化が何を得て何を失ったかを、この歌は教えてくれる。桜では「実も花も」と「花だけ」をこのように重層的に表現するのはむずかしい（→五章3）。

日本語圏では従来の《**J1**》「見られる花」の伝統に接続する形で、《**J2**》桜を特権的な対象とする「花だけ」を鑑賞する文化が独自に展開されていった。それはある意味では（あくまでも、ある意味では、だ）「花だけ」への関心を尖鋭的に極める途でもあった。そこに日本の桜の春が立ち上ってくる。

第四章

「桜の春」再訪

1 身近な「外」として

列島の視点から

第三章まででみてきたことを、ここでまとめておこう。

まず桜でいえば、日本列島に人間がやって来る前から、桜は咲いていた。その桜をやって来た人々は「咲くもの」として見つづけてきた。列島に人間が住み始めた四万年前から、そして水田耕作が始まる三〇〇〇年前より前から、そうだった。その意味で、桜の時間はとても長い。

すでに何度も述べたように、桜は日本だけに咲いていたわけではない。ヤマザクラや彼岸桜の自生地も、日本列島だけでなく、朝鮮半島まで広がる。中国の黄海や東シナ海沿岸も入るかもしれない。寒緋桜は琉球諸島から台湾、福建省の沿岸地域でも咲いていた。カラミザクラや「野桜桃」もふくめれば、長江流域だけでなく、黄河の中流域でも咲いていたと考えられる（↓一章3）。

桜の花を鑑賞する文化も、日本語圏だけのものではない。中国語圏についてはすでに述べたが、李氏朝鮮王国の首都漢城、現在の韓国のソウルにも桜の名所にあたるものはあった。一八三〇年にまとめられたソウルの都市誌、柳本芸『漢京識略』にも「南山の八詠」の一つとして、「沿渓濯桜（渓谷の桜見物）」が出てくる（吉田光男訳註『漢京識略』二一一頁、平凡社東洋文庫、二〇一八年）。朝鮮半島の西海岸はヤマザクラの自生地でもあるので、この「桜」もヤマザクラか、それに近い種類だろう。

生態系のなかの桜

それゆえ、桜の花を見て楽しむ習慣は東アジアに広く見られる。けれども日本語圏と同じように見られたり、鑑賞されたりしていたかといえば、そうではない。「咲くもの＝さくら」と呼ばれるような、圧倒的な存在ではなかった。言葉の上だけでない。生態系のなかでもそうだったと考えられる。

これもすでに述べてきたように、桜は陽樹で、森のなかにできた空き地で育つ。本州以南の地域の多くは、そうした場所ができやすい。プレート境界域の島弧であるため、山岳地帯もふくめて、地質は付加体によるものが多く、崩れやすい。台風や地震などで崩れる機会も多い。日照量が多く暖かいことも、桜の成長には適していた。

例えば、朝鮮半島は地質がより固く、崩れにくい。台風や地震も少ない。気温も低く、桜の育つ条件は日本よりも恵まれていない。地質の固さは桜だけでなく、多くの樹にも悪い条件になる。土が薄く、流されやすいからだ。そのため朝鮮半島では森の再生力が弱く、一度伐られると、はげ山になりやすい（伊藤孝『日本列島はすごい』一七五頁、中公新書、二〇二四年）。

降水量も大きな要因になる。例えばギリシアの地質も付加体によるものが多いが、一度樹を切るとやはりはげ山になりやすい。地質が崩れやすいためだともいわれているが（桜井万里子編『ギリシア史　上』一四頁、山川出版社）、地質的には日本列島と似ているので、むしろ降水量が少ないためだろう。

森と桜の景観

まとめていえば、日本列島の、特に本州以南の地域は再生力の高い森をもち、空き地もできやすい。それゆえ、緑のなかに桜色の一片が加わるという景観がつくられやすい。桜が咲いている場所にもやがて他の樹が侵入してきて、緑に塗り替えられるが、また別の場所が崩れたり大きな樹が倒れたりして、空き地ができる。そこに桜が育ち、白や薄桃や紅の花を咲かせる。

森を見る人間たちの目から見れば、緑のなかの桜色の一片はときどき場所をかえるが、緑のどこかはつねに桜色で、その色彩の対照が際立って目立つ。この列島に現生人類が渡って来て以降、そんな景色が毎春どこかで見られつづけてきた。

特に一万年前に最後の氷河期が終わってからは、関東以南の太平洋岸に残っていた常緑広葉樹の森が、再び本州の暖かい地域に広がっていく。そこにあった桜の多くも分布域を拡大していったはずだ。そのなかで日本列島の桜は「咲くもの＝さくら」として見られるようになっていったのではないだろうか。だとすれば、その花は氷河期という長く厳しい「冬」が終わっていく標(しる)しでもあったのかもしれない。

縄文時代のサクラ

それが日本列島の、もともとの桜の景観だったと考えられる。

人間が来る前からあった森の一部として、桜は咲いていた。樹皮の特性を活かして（近田前掲一三四頁）、縄文時代から道具の材料に使われていたが、クリやドングリ類、ウルシなどのように、人間の居住域近くで管理されることはなかった（工藤ほか前掲）。森のなかで赤黒く熟した実を見つければ、採って食べていただろう。

そんな桜の実もふくめて、春になれば、野山で他の食料を調達するのが容易になる。それを知らせる記号として、つまり生態系全体の状態を示す重要な信号(しるし)として、桜は注目されていたのではないか。森のなかの桜色の一片の場所を憶えておけば、樹皮や実を採集する上でも目印になる。そうした意味で、「咲くもの＝さくら」として見られつづけた。そんな時間を桜と人は長く過ごしていた。

桃や梅とのちがい

そこに水田耕作という全く新たな産業が入ってくる。今から三〇〇〇年前のことだ。それが何をもたらしたのかはすぐ後でとりあげるが、中国語圏で春の花として知られる桃や李、杏、梨、梅などはほぼこの時期に、つまり弥生時代に、日本に入ってきた（小林前掲など）。桃はそのなかでも特に旧く、長崎県の縄文時代の遺跡からも大量に出土しているが、さまざまな地域で確認できるのは、やはり弥生時代からになる。

だから、同じ春の花でも、日本の場合、桃や梅と桜では、咲き方も人とのつきあい方もはっきり異なる。

咲き方でいえば、桜は日本列島では広く自生する。人間がほとんど入らない山野でも咲いている。それこそ二一世紀になってから、クマノザクラという自生種が新たに見つかったくらいだ（勝木前掲）。それに対して、梅や桃の大きな自生地は知られていない。主に人間の住む空間の内部やそのすぐ近くで咲く花でありつづけてきた。

日本列島では、桜は人間が渡来する前から咲いていた。それに対して、桃や梅は水田耕作と前後する形で入って来た。在来種があったかもしれないが、人間の生活と関わりぶかいのは、弥生時代に渡来した系統だと考えられている。

桃と桜と人間たち

だとすれば、**稲と結びついていたのは桃や梅**の方だ。田植えを知らせる花として、桜ではなく、梅が使われていた地域もある（有岡利幸『梅Ⅱ』第八章、法政大学出版局、一九九九年）。『日本書紀』で春の指標とされている花も「桃李」で、推古紀や舒明紀、天武紀下などで時季外れの開花や結実が記事になっている。

桃も江戸時代までは、多くの種類が広く栽培されていた（→二章1）。梅と同じくらい普及していたようだ。『古事記』の日本神話で最初に登場するのも桃である。イザナギノミコトとイザナミノミコトの「国生み」の後、黄泉に下ったイザナミをイザナギが訪れた帰り、追いかけてきた黄泉の神々の足止めに成功するのは、桃の実だ。

こうした桃の意味づけは東アジアに広く分布している（王秀文『桃の民俗誌』朋友書店、二〇〇三年など）。水田耕作とともに桃の栽培も広がったとすれば、それもわかりやすい。特に三〇〇〇～二四〇〇年前の東アジアは全域が厳しい寒冷期にあったから、なおさら桃は力強い味方に感じられただろう（→一章4、二章1）。

青森県の下北半島には第二次大戦前まで、凶作に備えて小さな油桃をつける品種が多く植えられていた（有岡利幸『桃』一九三〜九四頁、法政大学出版局、二〇一二年）。稲が長江流域の暖かい地域を原産地とするのに対して、桃の原産地は黄河の中流域の、比較的寒い地域だ。気温が低く稲の不作が起きやすい東日本や山間部では、貴重な「救荒」果樹でもあった。稲と桃はそんな形でも結びついていた。

水田耕作と生態系

水田で栽培される稲、水稲はもともとこの列島にはなかった。今から三〇〇〇年少し前に、外からもちこまれた（→一章4）。弥生時代がそこから始まる。裏返せば、列島の生態系のなかでは、稲はむしろ異質な存在だった。それゆえ、本州の各地で栽培されるようになるまで、一〇〇〇年近い時間が必要だった。

水田耕作という農業の形態も、その異質さを際立たせる。水田の大きな特徴は、単位面積あたりの収穫量の多さにある。環境や技術によっても差が出るが、ほぼ同じ条件の下では小麦に対して米は一・五倍の収量になる。窒素やリンなどが水田から直接供給されるので、肥料が少なくても収穫が大きく減らない。そこも大きな利点だった。小麦とアワなどの二年三毛作と比べれば、収穫量は数倍になる。

その一方で、灌漑式の水田は多くの労力も要する。最初は、土地そのものの改造から始めなければならない。小さな谷や湧水など、一定量の水が調達できる場所をみつけて、周囲の樹を伐り倒し、草を引き抜いて、空いた土地をつくりだす。さらにそれを小さな区画に分けて、それぞれ水平にならして畦をつくり、水源から用水路を引いて、全ての区画に水が届くようにする。

その上で、毎春それぞれに水をはり、稲を植える。それから数か月の間、雑草をとりながらその状態を維持する。その後、できれば収穫前に水を抜く。

特別な空間と特別な生活

稲の耕作に必要な労働量は原産地に近い中国でも、麦の五倍以上だとされている（リチャード・フォン・グラン、山岡由美訳『中国経済史』一八一頁、みすず書房、二〇一九年）。日本の場合、土地そのものを改造する労力も大量に必要だったはずだ。

稲がなかったこの列島では、それは全く新しい環境と生態系を人工的につくり、維持することであった。

だから、水田は特別な空間になる。日本列島の生態系のなかに、全く人工的に、新たな、閉じた小宇宙を創りつづける。それが水田耕作であった。それゆえ、稲を育てながら、他の食料になる植物を並行的に育てるのはむずかしい。冬季の裏作や桃や豆などで補完はできるが、あくまでも稲の栽培が主要な生業になる。

現代風にいえば、水田耕作は費用が高く（ハイ・コスト）収益も高い（ハイ・リターン）。だから、専従的に関わらざるをえない（藤尾慎一郎『日本の先史時代』中公新書、二〇二一年）。そういう接し方を稲は求める。

『古事記』などの日本神話では、スサノオノミコトが水田の畔や水路を壊したことが「国津罪」として、強く非難されている。稲がそれだけ大切にされたというよりも、日本列島の生態系のなかでは、畦や水路は膨大な労力と時間をかけて、造成し保守する必要がある。だからこそ、それを破壊することは大変な罪悪だったのだろう。

生態系の先住者

そのように稲をとらえることで、桜の位置もはっきりする。

人間がやって来る前から咲いていた桜は、もともと水田世界の外部にあった。桜がいる森の世界と稲の世界は別々に分かれていた。というか、稲の世界は侵入者であり、森の世界と対立するものであった。長い目でみれば、稲の世界は桜がいた世界を破壊していったが、それは産業化で伝統的な手工業が衰退していくような変化と比べれば、きわめてゆっくりと、拮抗しながら進んでいった。

土壌が崩れやすく、降水量も多い日本の環境では、水田耕作を維持するのは容易ではない。人間の手でたえず補修し補強しつづけなければならず、それでも台風や大雨、地震で一気に破壊されたりする。

水田の位置自体も固定できず、気温や降水量の変動にあわせて、あちこちに動かす必要があった。水田世界とその外部との境界線はたえず引き直され、一度消滅した森もまた復活してくる。そんなことをくり返しながら、少しずつ水田は拡大されていった（井上智博「弥生時代の水田稲作」松木武彦・関沢まゆみ編著『水と人の列島史』吉川弘文館、二〇二四年など）。

そうした営みをつづけながら、人間の世界の外で咲く桜を、人間たちは見つづけていた。もともと桜はその外部の、いわば山の世界で咲く花だった。春になれば、森の緑のなかの桜色の一片がはっきり見える。山から隔たった水田世界からも、ああ、咲いているな、とはっきりわかる。そんな見え姿は水田耕作が始まる前と、ほとんど変わりなかった。その意味で、桜は「咲くもの＝さくら」でありつづけた。図に描けば**図4‐1**のようになる。

人に近づく桜

もう少し正確にいえば、日本列島では水田耕作は従来の生態系とは大きく異質なものだった。それゆえ、桜は以前よりもより強く「外」として意識される。灌漑式の水田は、外

図４－１

部との間に強固な境界線を設けて守らなければ、維持できないからだ。だから稲作という産業が始まることで、桜は人間の世界の「外」として明確に位置づけられるようになった。そう考えた方がよいだろう。

けれども、その関係もさらに少しずつ移ろっていく。森に侵入した人間たちは木を伐り、空き地を造っていく。その多くは水田や畑や水路や道になったが、残された空き地もあった。建物や灌漑施設の資材としても、燃料としても、森の木は伐られて、森のなかにもたえず空き地ができた。

森全体にとって、水田は侵入者であり破壊者であったが、桜にとってはそれだけではなかった。人間の手で空き地が造られれば、桜の生息域は拡がる。そうやって桜は人間に近い場所へ次第に移動していった。

それでも中国語圏の「桜」のように、果樹のようになることはなかった。果樹園は人間の世界の内部に、それも外部からはっきり隔離された空間として設けられる。いわば内部のなかの内部だ。

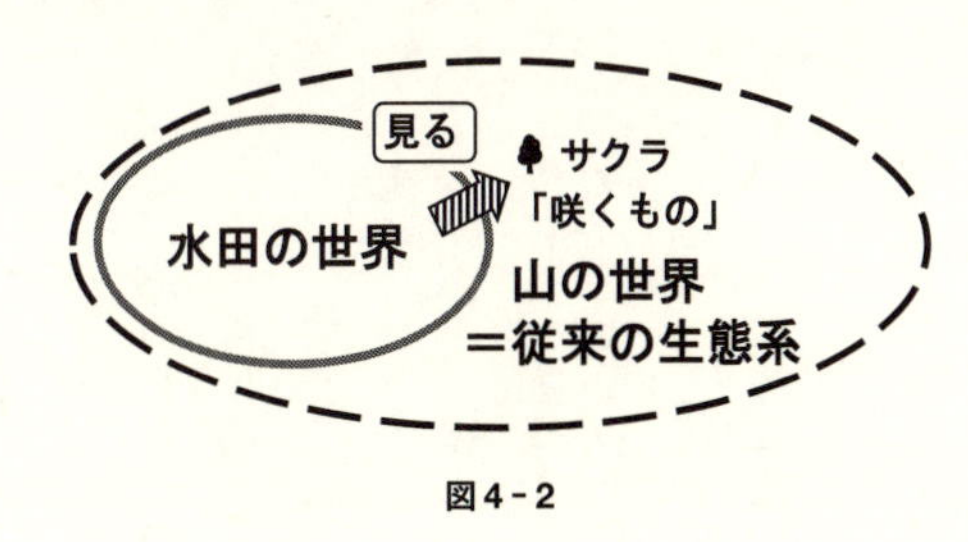

図4－2

日本の桜はそのような形で囲い込まれることはなかった。むしろ人間の活動を利用する形で、人間の世界に近づいていった。水田世界からみれば、桜は森の一部として外部でありつづけたが、そのなかでは身近な植物になっていった。弥生時代の遺跡ではサクラ属の核が各地で見つかっている。採集して、持ち帰って食べたのだろう。

山から降りる花

森のなかに少しずつ水田が侵入していくのにあわせて、桜の方もただ「見られる」外部から、次第に身近な「外」になっていく（**図4－2**）。水田世界の人々からみれば、それは、山の桜が山を降りて近づいてきた、山の神が自分たちに実りを授けるために来てくれた――そんな徴（しるし）に見えただろう。いや、そんな徴しだと信じたかっただろう。

折口信夫は「花の話」でこう述べている（前掲二三八～二三九頁）。

屋敷内に桜を植えて、それを家桜と言った。屋敷内に植える木は、特別な意味があるのである。桜の木ももとは、屋敷内に入れなかった。それは、山人の所有物だからという意味である。だから、昔の桜は、山の桜のみであった。遠くから桜の花を眺めて、その花で稲の実りを占った。

……桜は暗示のために重んぜられた。一年の生産の前触れとして重んぜられたのである。花が散ると、前兆が悪いものとして、桜の花でも早く散ってくれるのを迷惑とした。

実際には、人間たちが山の世界に侵入して、従来の生態系を大きく攪乱した。そのなかで桜は新たな環境へ適応していった。その結果にすぎないが、人間からすれば、遠目で見ていた「さくら」がいつのまにか、自分たちの近くで見られるようになった。まるで森から自分たちの方に近づいて来てくれたかのように思えただろう。

人と桜の結びつき

おきた出来事を自分に都合よく再解釈するのは、人の常であり性でもある。日本列島の再生力の高い森に囲まれて、その逆襲=逆侵入に怯えつづけてきた人々も、自分たちに近づく桜を、「森と和解できた」「森からの赦しを得られた」徴しだと信じたかったのではないか。『古事記』の神話で、木花之佐久夜毘売（コノハナノサクヤビメ）が天津神の御子ニニギノミコトに国津神との密通を疑われ、産屋に自ら火をかけて証しを立てるのも、そんな願望の裏返しかもしれない。

「山の神が田の実りを予祝してくれる」。水田耕作が従来の生態系を破壊していった歴史からすれば、倒錯した観念だといわざるをえないが、それが広く信じられ、「自然を愛する日本人」のような自己像まで生み出していった。その背景には、水田耕作という新たな産業を基軸にした暮らしをせざるをえなくなった人々の、切実で、そしてどこか切ない想いがあったのではないだろうか。

2　界面と生態系

異なるか異ならないかが異なる

奈良時代の少し前、中国語圏の花の文化と本格的に接触する前の、桜と人との関係はそ

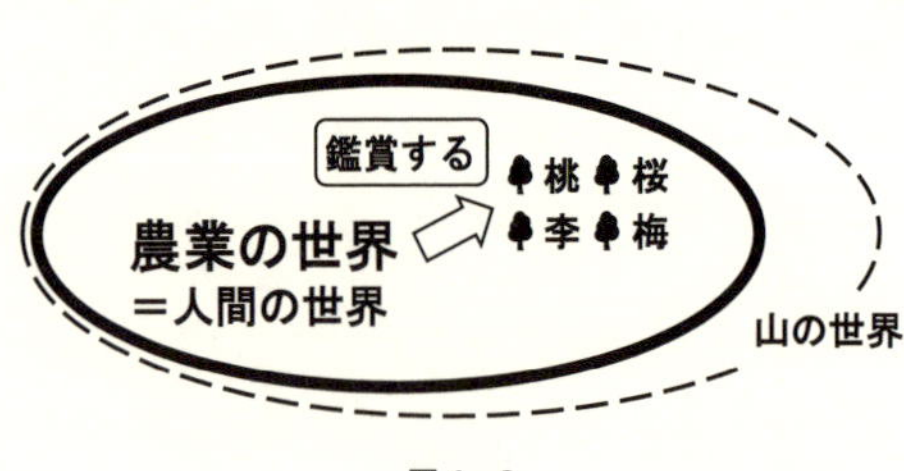

図４－３

のようなものだったと考えられる。日本のさくらと中国の「桜」はそこで大きく異なる。

中国語圏では、少なくとも文献史料が残された範囲では、桃も李も梨も杏も、そして梅も桜もすでに果樹として栽培されていた。野山には自生しているものも多かったが、果樹園のような、人間世界の囲い込まれた空間で育つ品種も開発されていた。

最も遅かったのは桜だろうが、楊雄の『蜀都賦』でその花が具体的に描かれたときには、果樹になっていた（→一章２）。桃や杏の果樹化が先行し、梅や桜はそれに加わる形になったと思われるが、人間との関わり方に大きなちがいはない。「実も花も」の花として詩文に詠われ、鑑賞されてきた。図で描けば**図４－３**のようになる。

そもそもそこで日本語圏と中国語圏の花の歴史は大きく異なる。**人間との関わり方や関わってきた時間が、桜と桃や梅とで異なるのか異ならないのか**。そこで二つの社会と文化は異なる。さくらと「桜」が植物の種類で異なるわけではない。一章３で述べたように、むしろ桜（桜桃）が植物としてはほぼ同じで、かつ同じく鑑賞されていたからこそ、日本の桜が梅や桃とは異なる意味づけをもつのに対して、中国の桜が梅や桃と同じ意味づけをもつ、というちがいが大きな意味をもつのである。

率直にいえば、とても簡単な答えだと思う。一つの点だけ見方を変えれば、すぐに答えは出てくる。何が躓きの石だったか、もうおわかりだろう。桜と稲を結びつけてしまった。それによって、日本語圏の桜の歴史や桜のあり方を適切にとらえられなくなったのである。

文化の重層と接続

日本のさくらは生態系の先住者であり、人間世界の「外」にあるものだった。一方、桃や梅は水田耕作とともに普及し、その花は人間世界の「内」にあった。第五章の結論を先取りしていえば、日本語圏の桜は、時代によって少しずつあり方を変えながら、現在もそうした性格を保ちつづけている。そこが桃や梅とは異なり、中国の桜のあり方とも異なる。

そうしたあり方の上で、中国語圏の花の文化との接触がおきる。それによって新たな変化が生じてくるが、それ以前がどうだったかがうまくとらえられないと、そこで何が生じたのかもわかりにくい。

何がおきたのか、それ自体に関しては、折口がすでに答えを出している。私もそれが正しい答えだと考えている。花を「鑑賞する態度」が入ってくるのである。これもより正確に述べておこう。

花を見る営み、それを景物の一つとして楽しむ営みは、おそらく歴史を遡れるかぎり、つねにありつづけてきた。木であれ、草であれ、花が咲く全ての土地でなされてきたのではないだろうか。

それに対して、花を主題として意味づけて鑑賞する文化は、どんな社会にも見出されるものではない。特定の空間の、特定の時代に出現してくる。それゆえ、その歴史はそれぞれの社会によって異なる。

東アジアの花の文化を考える上で重要なのは、この花を主題として鑑賞する営みのなかに二つの種類があることだ。「実も花も」を主題として意味づけるものと、「花だけ」を主題として意味づけるものだ。

二系統の花の文化

第二章でみてきたように、東アジアでは、《2》「花だけ」を鑑賞する文化は八世紀前半にその姿を明確に現わし、東アジア全域に拡がっていく。それは中国語圏の伝統的な花の文化《C1》とは異なる、新しい文化であった。

日本語圏では、花を主題として意味づけて鑑賞する営み自体が、新しいものだった（↓三章3）。その対象としてまず梅が見出され、その一世代後に桜が主題として詠われるようになる。その一方で、「花だけ」を見ることは以前からなされていた。桜は《J1》「咲くもの」として見られつづけてきた。

それゆえ、鑑賞する態度が定着すれば、《2》「花だけ」を鑑賞する文化は急速に普及し、深く浸透していったと考えられる。そのなかで《J1》「咲くもの」だった桜が詩文とも強く結びついて、春を象徴する花として圧倒的な重みをもつことになった。

中国語圏では「実も花も」の形で意味づける伝統的な文化もしっかり残り、その伝統に連なる桃や梅は、新たな「花だけ」の花である牡丹とともに、代表的な春の花でありつづけた。桜も鑑賞される花という性格を強めながら、春の花の一つでありつづけた（↓一章3）。

言葉で囲い込む

それに対して日本語圏では、従来の「咲くもの＝さくら」に順接する形で「花だけ」を鑑賞する文化が接続していった。とはいえ、《J1》「見られる」花から《J2》「鑑賞される」花への変化は決して小さなものではなかった。主題として明確な意味をあたえることは、人間の世界の内部に明確に取り込もうとすることでもあるからだ。

中国語圏の桃や梅や桜も、もともとは山野に自生し、人間の世界の外にあったと考えられる（↓一章2、二章1）。それらの果実に注目して、食料にしていった。より大きく、より美味しいものにするだけでなく、自家不和合性という遺伝子の多様化メカニズムも、できるだけ無効化していった。それには気が遠くなるような時間がかかっただろう。氷河期に分布域が大幅に狭められたことで、自家不和合性が弱まった樹が生き残り、それがたまたま発見されて、品種改良されていった――そのような偶然もあったのかもしれない（土松隆志『植物はなぜ自家受精をするのか』慶應義塾大学出版会、二〇一七年）。

「鑑賞する態度」は、そうした生態系での位置づけの変化とも対応している。「鑑賞する」ことは、詳細に観察して濃密な言葉で表現することで、人間の世界に囲い込む試みでもあるからだ。中国語圏では、書や韻も花の鑑賞の一部だった（袁宏道「瓶史」佐藤武敏前掲二三八～三九頁）。

「鑑賞する態度」を取り入れることで、日本語圏の花の文化もそういう性格をもつようになった。例えば大伴家持の弟である書持（ふみもち）は花が好きで、野山で咲く花を見かけると、自宅の庭に移して楽しんでいた。「この人、性（ひと）となり、花草花樹を好愛して、多く寝院の庭に植ゑたり。故（ゆゑ）に「花薫（にほ）へる庭（やど）」と謂ふ」（『万葉集』巻一七　三九五七）。書持を悼む哀傷歌に

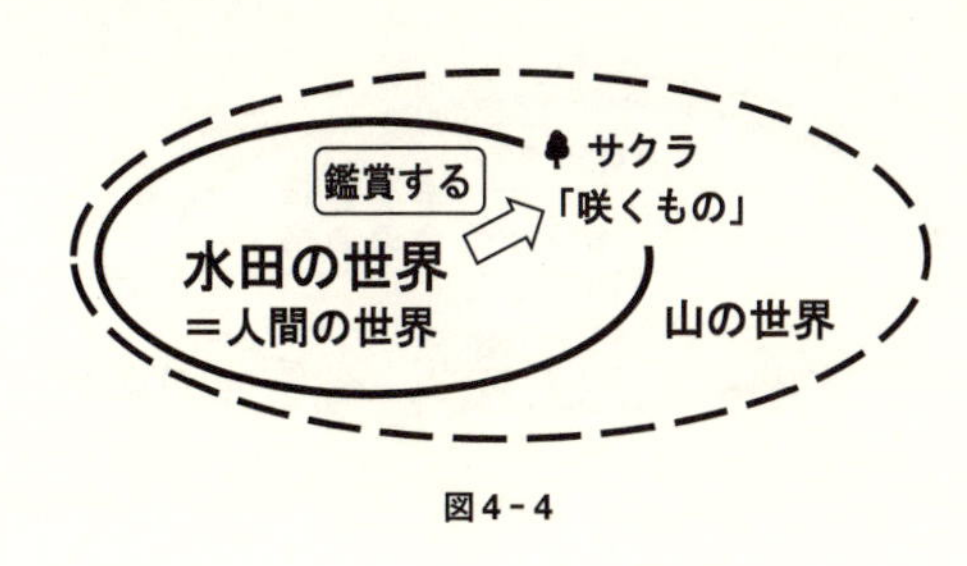

図4－4

出てくるのは「萩」だが、桜もあっただろう。そうやって「山の桜」を少しずつ「宿(やど)の桜」にしていった。

それとともに桜との接し方もやはり変わっていった。桜は「外」の性格をもちつづけたが、「鑑賞される花」になることで、内部化する力に強くさらされるようになった。そうやって身近な「外」からさらに内側へ、「外」と「内」の境界線上へ動いていった（**図4－4**）。

二種類の「花だけ」

そこまで考えると、「花だけ」の花にも二種類あるのかもしれない。

一つは中国語圏の牡丹のように、人間によって作り出されて、育てられ、増やされる花だ。庭園で生まれ、育ち、増殖される。その全てが人間の世界の内部で完結する。果樹と同じように、いや果樹以上に、人間世界の完全に内部にある。

そうした「花だけ」の花は、果樹ではないというよりも、究極

図4－5

の果樹だといった方がよいかもしれない。いわば食用の実をつける必要すらない果樹だ。それゆえ、表面的には「実も花も」と対照的に見えるが、むしろ「実も花も」の意味づけの発展形にあたる。「実も花も」の意味づけをさらに内在的につきぬけたものだ（**図4－5**）。

それに対して日本語圏の桜は、人間の世界の内部に完全に入り込むことはなかった。まだなっていないのか、ならない方向の力が働いたのかはともかく、人間の世界の外部という性格をもちつづけた。鑑賞される対象として濃密な言葉に囲い込まれても、完全には包摂されなかった。

そういう意味で、日本の桜は最も近い「外」かつ最も遠い「内」として、内／外の境界線上にありつづけた。水田耕作が始まる前から「見られる」花でありつづけ、その延長上に鑑賞される花にもなった。勝木俊雄が述べているように、日本列島で自生していた桜、ヤマザクラととりわけ大島桜が、サクラ属のなかでも大きな花をつけることも、その理由の一つになっただろう（勝

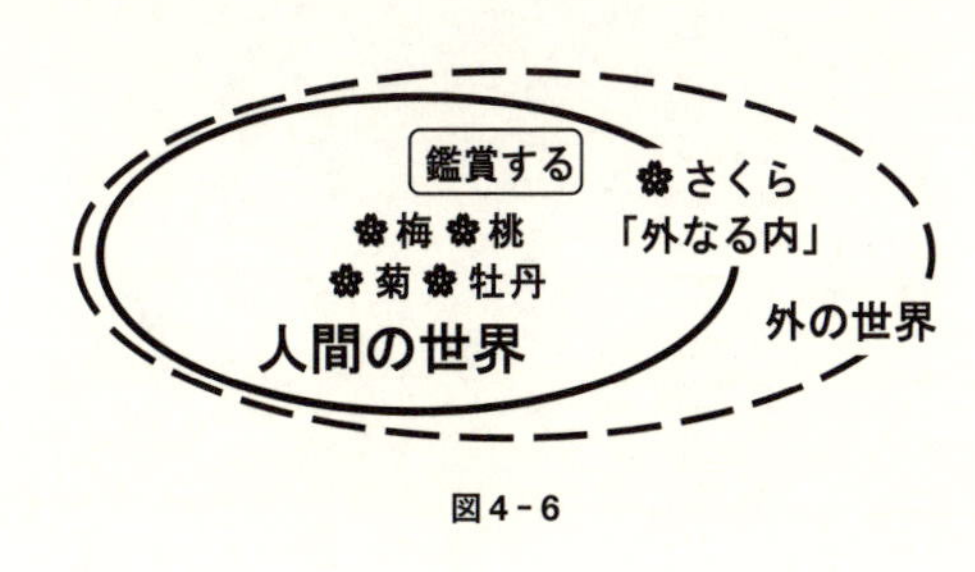

図4-6

木前掲一六一頁）。日本の野山では特に目立つ花だった。

一方、桃や梅など、水田耕作に前後して入ってきた花々は、まさにその経緯によって、人間の世界の内部にとどまりつづけた。「実も花も」の花であったことも、そうなった要因の一つだろう。一〇世紀以降に入って来た牡丹も、そうした人間世界の内部の花の一つになった。「内なる内」という中国語圏での意味づけからも、それがおさまりのよいあり方だった。

「外なる内」としての桜

日本の桜がもつ特異な性格、その圧倒的な重みと隔絶はそうやってできあがってきたのではないだろうか。図で描けば**図4－6**のようになる。

《C1》「実も花も」の長い伝統をもつ中国語圏では、**《C2》**「花だけ」の花である牡丹は庭園の花になった。果樹園と同じ人間世界の内部、そのさらに内側の私秘的な庭園が、牡丹には似あう。むせかえるような濃密さと艶やかさは、桃以上に性愛の匂いを漂わせる。そういう意味でも、牡丹は桃の後継者であり、「実も花も」の伝統を受け継いでいる。

それに対して日本語圏の桜は、《J1》「咲くもの」として見られてきた長い時間に接がれる形で、《J2》「花だけ」の花になった。それゆえ人間世界の全くの内部にはならず、内と外の境界近くにとどまりつづけた。「山の桜」が本当の桜のあり方だと感じられつづけた。(*) 例えば工芸品の意匠でも、遠くから眺められるものという性格を長くもちつづけた（日高薫「落花と折枝」中西進・辻惟雄編著『花の変奏』ぺりかん社、一九九七年）。

比較的暖かく、日照量もあり、土が崩れやすいという日本列島の自然環境の特性は、桜の生育に有利な条件になる。そのため、もともと野山で桜が咲きやすく、かつ目立ちやすい。そして、そんな野山の桜を自分たちの外部で「咲くもの」として、長い間見つづけた。そんな記憶が鑑賞される花になった後も、受け継がれたのかもしれない。

それによって、日本の桜は「内」と「外」の両方の性格をもつものになった。そう考えると、牡丹とさくらの共通性も対照性も、くっきり見えてくる。

わかりやすくいえば、牡丹は「**内なる内**」であるのに対して、さくらは「**外なる内**」である。それゆえ、牡丹は限りなく濃密になっていくのに対して、さくらは矛盾や反転をはらんだ尖鋭さにつながる。どちらかが深いわけではない。どちらの花にも、それぞれの方向性をつき詰めた美しさがある。

「内なる内」としての牡丹

中国語圏の牡丹は、《C1》「実も花も」の文化の伝統に新たに付け加わる形で登場する。時間軸にそっていえば、桃・李・杏・梨といった旧くからの「実も花も」の花々に、五〜六世紀以降、梅と桜が加わる。そして、八世紀以降、それらにさらに加わる形で、《C2》「花だけ」の花として牡丹が登場してくる。わかりやすく図式化すれば、こんな感じだ。

桃・李・杏・梨 ↓ 桃・李・杏・梨・梅・桜
↓ 桃・李・杏・梨・梅・桜・菊・蘭 ＋牡丹

新たな「花だけ」の文化のなかで、伝統的な春の花々、桃や李や梨や杏、そして梅や桜

（＊） 中国の「山桜」と日本の「山桜」は、そこが決定的に異なる。二つは植物としては同じ種類のサクラだが、中国の「山桜」は日本の「山桜」とちがって、「山桜」こそが本来の桜のあり方だという意味づけをもたなかった。

も次第に花が特に注目されて、鑑賞されるようになる。それでも「実も花も」という意味づけは強く残りつづけた。二〇世紀以降もこれらの花は果樹として、「実も花も」鑑賞されつづけた。

中国語圏の外から来た「花だけ」への関心は、最終的にはそんな形で「実も花も」の伝統に接続された。そのような歴史の厚みに支えられた重層性それ自体が、中国語圏の花の文化の最も大きな特徴なのだろう。

牡丹や蘭などの新たに登場してきた「花だけ」の花も、日本語圏の桜とはちがって、従来の植物を品種改良する形で新たに作り出された。いわば果樹園や庭園で生まれた花だ。例えば白牡丹の花に人工的に着色して、別の品種に作り替えるという、日本語圏の花の文化からすればひどく異様な「変花法」も、その延長上に生まれた技なのだろう（陳湨子「花鏡」佐藤武敏前掲三〇八〜〇九頁）。

その点からも、牡丹は人間世界の内にある。それも最も内側にある。「**内なる内**」である牡丹は、生と再生の象徴である桃の継承者でもある。桃がそのような形でさらに再生したものだ、といえるかもしれない。

桜と牡丹の対称性

それに対して、日本語圏の桜は生態系との関わりやその歴史のなかで、牡丹とは全くちがう性格をもった。日本語圏の水田耕作の社会にとっては、桜はその世界が始まる前からそこにあったものであり、生態系の先住者として、その外部として見られてきた。

一方、桃や梅などの「実も花も」の花々は、稲と前後して、水田耕作の世界の一部として列島の生態系に入って来た。先ほどのように図式化すれば、こんな感じになる。

桜 ↓ 桜|＋桃・梅・梨・李・杏 ↓ 桜|＋桃・梅・梨・李・杏・菊 ＋牡丹

桜が「咲くもの」として見られてきた日本語圏では、**《2》**「花だけ」を鑑賞する文化は受け入れやすかった。**《C1》**中国語圏から輸入された「実も花も」の文化もまだ時間が浅く、厚みをもたなかった。そのため、「花だけ」の花となった桜は春の花のなかで、圧倒的な重みをもつことになった。牡丹が「内なる内」として花のなかの花、「花王」になったとすれば、日本語圏の桜は「**外なる内**」として、他の花とは隔絶した存在になった。

東アジアの花の環のなかでも、それは日本語圏の桜だけがもった特異さだ。そういう意味で、さくらは独自な花のなかでも独自な花になった（↓三章2）。日本語圏の花々にも他の地域の花々にも、似たものは今のところ見つかっていない。そうした桜の独異（シンギュラリティ）さが、日本語圏の花の文化の大きな特徴にもなっている。

室町時代の貴族、山科言継は菊のさまざまな品種を鑑賞用に自邸で育てたり、季節の挨拶に仏桑華を贈ったりしていた（『言継卿記』）。海棠もふくめて、新たに見出された花たちも梅や桃と同じように、人間の世界の内部に落ち着いていったようだ（飛田範夫『日本庭園の植栽史』京都大学学術出版会、二〇〇二年）。

桜の独異さとは

日本語圏の桜には強烈な魅力をもつものが少なくない。それこそ科学と歴史の知識を無視しても、「これは自分の花だ」といいたくなるくらいの（↓序章2）。桜の独異さはそこにも関わってくる。

はっきり断っておくが、だから日本の桜のような花は他にはありえないとか、それが日本の桜の本質だとか、いいたいわけではない。さまざまな要因が働いてそうなった、というだけだ。いくつかの条件がちがっていれば、日本の桜は別の意味づけをもっただろう。あるいは、同じ条件がそろえば、他の地域の花でも「外なる内」として意味づけられるものは生まれただろう。

たんに文献史料が残っていないだけで、あるいはまだ見つかっていないだけで、いやそれこそたんに私が知らないだけで、日本語圏の桜と同じような花は他にもあるかもしれない。ここでいう特異さや独異さはそんなものでしかない。社会科学的にいえば、経路依存性の効果だ。

そこに何かの必然性や絶対性、あるいは神秘性を求めるのは、思想のための思想でしかない。それは桜とは全く関係ない、人間だけで閉じた営みだ。文芸や人文学の桜語りでは今なお、そうしたものも見かけるが、それらは「染井吉野には実が成らない」や「中国の桜は桜ではない」と同じく、思い込みと知識不足に自己陶酔を交えた虚構で、桜の美しさとは全く関係ないと思う。

意味づけのちがい

さくらが「外なる内」であることに関しても、基本的に同じことがいえる。その中身は時代によって変わっている。「外なる内」という実体があるのではなく、意味づけの上でそんな性格をもちつづけてきた。そう図式化できるだけだ。**《J1》「咲くもの」だった桜が《2》「花だけ」を鑑賞する文化と接続することで、春の花のなかでの圧倒的な重みという量的な面と、「外なる内」としての意味づけという質的な面の両方で、特異な性格をもつ**

ことになった。まとめていえば、そういうことだ。

もちろん、それは桜と接してきた人たちの気持ちから離れて成立するものではない。時代によって意味づけの内容を少しずつ変えていきながら、日本語圏では桜はそうした花として、人々から見られ、愛されてきた。そこに日本の桜の独異性がある。

3　花鎮めの回路

「やすらい花」と鎮花祭

そうした意味で、桜の独異さはその本質などではなく、意味づけの形式であるが、それを作業仮説にすることで、人々が桜にかけた具体的な気持ちや想いを、より明晰な形で感じたり知ったりすることができる。

その一つの事例をあげておこう。

桜の花をめぐる習俗のなかには、現代の感覚ではもはやその意味を理解できないものもある。その一つが「花鎮め」の祭りや儀式だ。桜の花は迎え入れられ、歓ばれるだけではない。鎮められるべきものでもある。そんな感覚は現代の人間には理解しがたい。

今も京都にはそうした祭りが残っている。「やすらい花」（やすらい祭）だ。桜の花が咲く時期にあわせて、花を飾った長柄の傘を押し立てて巡回し、異装の人たちが笛と歌の伴奏とともに、鉦や太鼓を打ちながら辻々で踊りをくり広げる。洛北の四つの地区に伝承されているが、今宮神社での祭礼は特に有名だ（本多健一『京都の神社と祭り』中公新書、二〇一五年など）。

鎮められる花

「やすらい」という名は、「やすらえ、花や」の囃（はや）し詞（ことば）から来ているといわれる。今宮神社の伝承によれば、桜の散り始める陰暦三月、現在の四月後半に疫病が流行したので、花の霊を鎮め、無病息災を祈願したのが祭りの起こりとされる。

「やすらい花」は「鎮花祭（はなしずめのまつり）」の流れを引くものだろう、と考えられている。鎮花祭は平安時代の初めごろ、八三三年に編纂された『令義解』に出てくる。奈良県の大神（おおみわ）神社に関わる祭礼で、やはり旧暦三月に催される。「春、花飛散の時にありて、疫神分散して癘（えやみ）を行う、その鎮遏（ちんあつ）のため必ずこの祭りあり、故に鎮花（はなしずめ）という」。春の花が飛散するときに疫神も飛び散って、病気を流行らせる。それを鎮圧するために、毎年必ずこの祭りを行う。

だから「花鎮め」と呼ばれる、というわけだ。

現代の感覚では桜の花が咲くのはただ喜ばしく、散るのはただ哀しい。そこになぜ疫神が関わってくるのか、わからない。そのため、「やすらい花」や鎮花祭はさまざまに解釈されてきた。

例えば折口信夫は、稲の実りの予祝だとしている。春の桜の花が早く散るのは、秋の稲の実りが良くない兆しとして、迷惑がられ、「桜の花の散るのが惜しまれた」と書いている（「花の話」前掲二三九頁）。桜と稲を結びつける考え方の一つだが、折口らしくない、変に回りくどい説明だ。焦点も外れている。

花が散ることの意味

花が飛び散ることが、疫神が飛び散ることに重ねられる。桜の花は疫神と同じものだとされる。だからこそ、理解しがたいのだ。「やすらい花や」の意味も、「桜の花が散るのを疫病の前兆と見て、「花よ、安らかにあれ」と願ったという説と、花を疫神鎮送のための依り代と見て、「疫神を鎮めとどめた花よ」と詠嘆したという説がある」そうだが（本多前掲一七一頁）、同じことだ。

結局、「どうして花が散ると疫病がはやるのか」（同右）、そこがわからないと、この祭りは理解できない。だから謎めいた祭りになってきたわけだが、桜と生態系の関わりをふまえれば簡単に説明できる。江戸時代より前の、中世の時代には、桜の花が散ると実際に疫病が流行したのである。

梅の春の喜び

江戸時代より前の人口のデータをみると、人が死にやすい季節が三つある。一つは暑い夏の盛り、一つは寒さが厳しい冬だ。どちらの時季も身体への負担が大きくなり、現代でも亡くなる人がふえる。

それに加えて、江戸時代の初めごろまではもう一つ、死が多くなる時期があった。春だ。気温だけでいえば、春はむしろ過ごしやすい。温度は上下するが、夏の暑さや冬の寒さよりは快適だ。冷暖房に守られた現代の生活でもそうなのだから、家屋の壁も天井も床も薄く、暑さ寒さにより直接さらされる中世の人々にとっては、なおさらそうだっただろう。

そうした暮らしは花への接し方にも表われている。二〇世紀に入るまで、日本語圏でも梅は人気ある花だった(→一章1)。それは梅の花の咲き方と関連する。冬の盛りから少しずつ気温が上がっていく。その上がり具合に応じて梅の花は咲く。だから現代の感覚では、梅の花は春に咲くというより、まだ冬なのに咲き始める。季節でいえば二月、つまり冬の終わりから春の初めにかけて咲く花だ。

そんな花を日本だけでなく、東アジア全域で「春の花」にしてきた。「春風はまず庭園の梅を咲かせる」。まだ寒いうちに、暖かくなる兆しをとらえて、梅の花は咲く。化石燃料による暖房をもたない人々にとって、それはどれほど嬉しいことだったか。

「梅から桜へ」交代説が二〇世紀の人間たちの発想であることが、これだけでもよくわかる。「支那風心酔」や「異国趣味」以前に、そんな生活と生態系のなかで梅の花がいったん注目されれば、それに強い想いをいだきつづけるのはあたりまえだろう。

春は死の季節でもあった

春の到来はそれほど喜ばしいものであった。に、も、か、か、わ、ら、ず、春は死が近づいてくる季節でもあった。そこに桜の春の恐ろしさ、いや残酷さがある。

千葉県松戸市に本土寺というお寺がある。そこに残された過去帳から、一五〜一六世紀の間に亡くなった人たちの死亡日時を知ることができる、それを調べた田村憲美らの研究によれば、「死亡は旧暦の春から初夏に集中しており、逆に晩秋から初冬には死者がもっとも減るのである。……食料が底をつく端境期に生命を維持できずに死亡する人がきわめて多く、それが中世の地域を生きる人びとの一般的なあり方だった」「五月は明らかな死亡率の低下が認められるという。これは夏麦（ママ）の収穫月であり、その収穫により飢えが一時緩和されることになる」（湯浅治久『戦国仏教』一八二頁、中公新書、二〇〇九年）。

　なぜそうなるのか。一つはもちろん栄養状態だ。秋の収穫で貯め込んだ食料が乏しくなる。飢えがすぐそばに忍び寄って来る。それが春という季節の、いわば裏の顔であった。

　それを解消してくれるのは、一つは「麦秋」、つまり冬麦の収穫だ。そして桃や李の樹を育てている人々には、もう一つあった。桃や李の花が散って実が成ることである。

散ることのもう一つの意味

「実も花も」という花の意味づけが、本当はどんなものでもあったのか、やはりそこから具体的に想像できる。「花が散る」のは「花が咲く」のと同じくらい嬉しいことだった。それが果実をもたらしてくれるからだ。青い麦と桃李の花を並べて詠う杜甫の「喜晴」はそんな詩なのである（→二章1）。「春望」と同じ時期に作られたものだが、「春望」と同じくらい絶唱だと思う。

　中国語圏の花の歴史では、春の花々は、人の食べる果実をつける樹でもあった。それゆえ、「花だけ」への関心が浸透していった後も、「実も花も」の意味づけは強く保たれつづけた。牡丹とともに桃を春の花の代表にしつづけ、むしろ二つを融合した形で、新たな花の文化を展開していった。それがどんな現実（リアリティ）に支えられていたかも、そう考えれば理解しやすくなる。

中国の場合、地域差が大きいが、例えば水稲の二期作が行われていた長江下流域、浙江省のある宗族の族譜でも、一七世紀前半まで旧暦の四月〜五月、つまり春の終わりに死亡数の小さな頂きがみられる（上田信『人口の中国史』一九七〜九九頁、岩波新書、二〇二〇年）。「春風」でいえば、ちょうど春の風が通り過ぎたころだ。

病も外部から

春が死の季節にもなった要因はもう一つある。現在の私たちにはこちらの方が実感しやすいかもしれない。

春になって暖かくなると、人間が活動的になる。それによって感染症も急速に拡がっていく。とりわけ多くの人間に伝染して死へ追いやる感染症は、人々が活発に動き出すことで蠢き出す。最近の新型コロナ感染症の大流行で、私たちも経験した通りだ。

この列島では、そして詳しい記録はほとんど残っていないが、四季が経巡る東アジアの全ての空間でも、春はそんな季節でもあった。野や山で容易に食べ物を得られるようになっても、いや、なったからこそ、死もめざめ、撒き散らされる。まるで春の花が咲いて、花びらが風に乗って散っていくように。

梅の花が散り、桜の花が咲くことは、そうした季節の到来を告げるものでもあった。麦の実が収穫されて、人々の栄養状態が改善されるまで、あるいは花々の果実が収穫できるようになるまで、それはつづく。

日本語圏の桜は春の花として圧倒的な重みをもつ。花つきもゆたかなので、散る姿がいっそう印象的になる。それゆえ、春に始まる感染症の拡大と、桜の花の散り去る姿も結びつきやすかった。さらに日本の桜は実も食べられていたが、果樹としては定着しなかった。その分、食料としての重要度は低い。

だからこそ、花に祈るしかなかった。死が撒き散らされないように、花を「鎮める」しかなかった。花鎮めの祭りとはそのようなものだったのではないか。

桜の春の怖しさ

そして、「外なる内」という意味づけもそれを後押ししたのではないだろうか。

疫病は「外」から「内」へやって来る。水田耕作によって人間が殖えれば、人間に感染する流行病も増える。その多くはインフルエンザや新型コロナのウィルスのように、人間世界の外の生態系にあったものが変異して、人間の世界へ侵入してきたものだ。

列島の外部から感染症が侵入する場合も、同じ形になる。記録に残る最初のパンデミックだった奈良時代の天然痘の大流行や、藤原道長を左大臣に押し上げた流行り病もそうだった。海によって隔てられた日本列島では、大規模な感染症はほぼ同じ経路と経過をたどる。

「外」から「内」へ――それは水田耕作以降、桜がたどってきた過程とも重なる。本来は「山の桜」であった桜は「外なる内」として、意味づけのなかにそれを記憶している。

一言でいえば、流行り病も「外なる内」、桜も「外なる内」。だから桜の花は疫神と重なる。その花びらが飛び散ることは、疫神が飛び散ることに重なる。だから鎮める必要がある。「外なる内」である桜は、そんな形でも「外」との回路になっていた、と考えられる。

咲き散る花の下で

秋の実りの占いや予兆みたいな、迂遠で、のどかな話ではない。春の到来や桜の花が咲き散ることとは、人間の生死に、とりわけ大量死に直接結びつく出来事だった。麦の実が成る「麦秋」までもう少し、けれども、その「少し」の間に栄養状態はさらに悪くなり、感染症はさらに勢いをます。

桜の花はそうした残酷な時間、文字通り生死を分かつ時間の到来を告げるものでもあった。「樹の下には屍体が埋まっている!」(梶井基次郎「桜の樹の下には」)どころか、根元に本物の死骸が転がっている。そんな年も何度もあったはずだ。

あるいは、むしろそのことがさくらを「外なる内」にしつづけた要因の一つだったかもしれない。どちらが原因でどちらが結果というよりも、これらも相互に関連しあった事象なのだろう。

だから、桜の春は怖しいものでもあった。だからこそ、桜の花は畏しいものでもあった。中世の人々が桜に向けた痛切な想いはそのようなものだったと思う。醍醐寺清瀧宮の桜会での童舞にせよ(土谷恵『中世寺院の社会と芸能』吉川弘文館、二〇〇一年)、「花の下」連歌にせよ(松岡心平『中世芸能講義』講談社学術文庫、二〇一五年)、芸能や興行として切り出されたものですら、中世の桜の花の下は「外」との回路でありつづけた。

美しさのコミュニケーション

「外なる内」というあり方は、美しさそれ自体にも見出せる。

美しいものはどこか言葉に言い表わせないところがある。社会学の無骨な術語でいえば、美しさは「伝えられない(コミュニケーションできない)」という形で伝わっていく(コミュニケーションされる)(ニクラス・ルーマン、馬場靖雄訳『社会の芸術』特に二三四頁、法政大学出版局、二〇〇四年など)。そういう意味で、美しいものは「外」になる。

もちろんそれは花の美しさにもあてはまる。世界中でサクラ属の花は美しいものとして見られてきた(→一章3)。どの土地でも、どんな場所で咲いていても、桜は美しい。そこには、人間の共有感覚に訴えかけるものがあるようだ。おそらく、どこでもどこか「この世でない」ものに感じられていただろう。

日本の桜の独特な美しさは、その共通性の上に加わった独自性にあたる。人間の世界の外部で咲く姿を見られてきた日本語圏の桜は、鑑賞される花となってからも「外なる内」の性格をもちつづけてきた。本格的な春の到来とともに亡くなる人々の骸の傍らで、桜は美しく咲きつづけた。

「内なる内」である牡丹の花が人の心を酔わせるとすれば、桜の花は人の心をかき乱す(中西進『花のかたち　日本人と桜【古典】』角川書店、一九九五年など)。牡丹の花の美しさが「内の内」から異次元へ突き抜けるような何かだとすれば、日本の桜の美しさは「外」から襲いかかるような何かでありつづけた(*)。

春にだけ咲く

西欧の薔薇とのちがいの一つもそこにある。同じバラ科でも、薔薇は四季咲きの方向に品種改良されてきた。いつでも薔薇が見られる。そんな方向に進んできた。中国の牡丹でも「寒牡丹」のような二期咲きの品種が作られて、秋から冬にかけても見られるようになってきた。

それに対して、日本の桜は春にだけ咲く花でありつづけた。桜のなかにも秋咲きや四季咲きに近い種類はある（→序章1）。例えば十月桜は、秋に咲き始め、冬の間もぽつりぽつり花をつける。春には圧倒的に咲き誇る他の桜の波にのみ込まれながら、冬よりも多く花をつける。そうした桜から四季咲きの品種を作ることはできたはずだ。「実も花も」のミザクラであれば、実りに最も有利な時期に花を咲かせる必要があるが、「花だけ」のさくらにはそうした制約もない。

（＊）例えば欧陽脩は、花の美しさを「不常（つねにあるものでない）」と表現した上で、そのなかで人に害をあたえるものを「災」、あたえないものを「妖」としている。牡丹は「妖」だとされる（欧陽脩前掲五四頁、https://zh.wikisource.org/wiki/洛陽牡丹記_(歐陽修)）。それにそっていえば、疫神とも重なる桜は「災」に近い。

最終的には、そのちがいは二つの言語圏での言語のとらえ方のちがいに関連しているのかもしれない。厳密にいえば、言葉で主題化して鑑賞の対象にすること自体が、二つの言語圏で、全く同じものではないのだろう。

にもかかわらず、日本の桜は四季咲きにも秋咲きにもされてこなかった。「日常」の花にはならなかった。訪れて来るものでありつづけた。

これもやはりどれが原因でどれが結果だとはいえず、全てが全てに関連していただろうとしかいえないが、そうした形で桜は「外なる内」でありつづけた。八重桜などの園芸品種の開発や選別でも、麗しさや艶やかさだけでなく、「狂おしさ」のような方向に引っ張る力が働いてきたのではないだろうか。

それが日本語圏の桜に、人間をどこか圧倒するような美しさをあたえてきた。「外なる内」であるさくらは、そういう形でも「外」との回路となってきた。それを現在の私たちも、桜の美しさの「凄まじさ」や「壮絶さ」として、感じているのではないだろうか。

第五章

桜の時間と人の時間

1 「外なる内」の異域性（エキゾチズム）——桜の中世

そうした桜との関わりの移り変わりを、第五章では言葉、つまり桜語りの変遷からたどっていこう。

「内」でもあり「外」でもある

水田耕作が始まる前から**《J1》**「見られていた」桜は、もともと「山の桜」、すなわち人間の世界の外部にあった。それが**《2》**「花だけ」が鑑賞され愛好される文化のなかで、人間世界の内部へ次第に入っていく。水田耕作の社会にとって従来の生態系との境界のすぐ外だった桜は、そうやって「外なる内」へ移り変わってきた（**図4-6**再掲）。

逆にいえば、そうした形で人間の世界の「外」という意味づけを残しつづけた。それゆえ生態系の先住者でありながら、空間的な外部を連想させる、異域的（エキゾチック）なものでもあった。だから、「桜会」のような仏教の儀礼にも結びつきやすいし、中国語圏の詩文ともなじみやすい。むしろ「花だけ」を表現する言葉や思想を、それらを通じて積極的に輸入していった。

平安京で初めて花宴を開いたとされる嵯峨天皇でもそうだ。「落花」を詠うその詩は

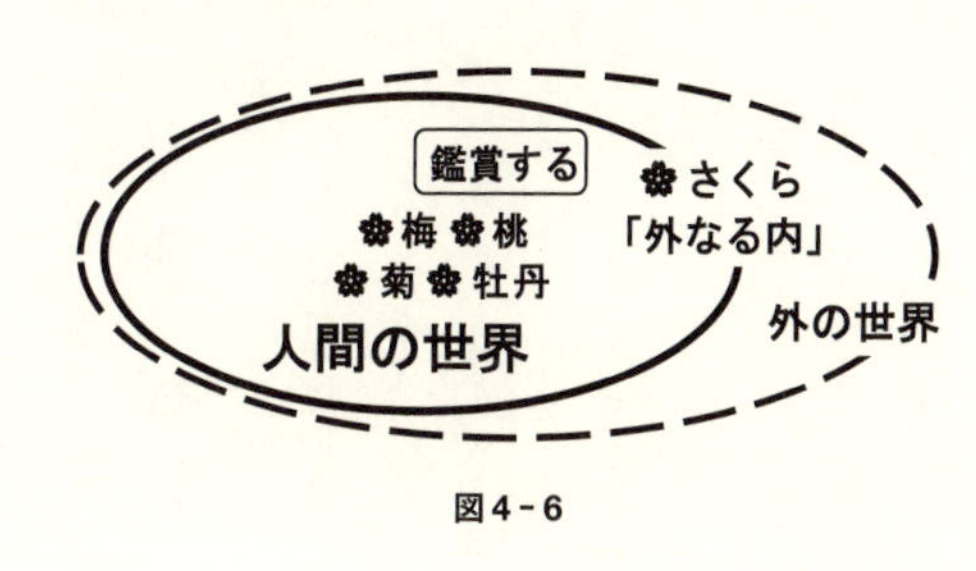

図4-6

「初唐」や「盛唐」の詩文をふまえている。紫式部や清少納言の時代になると、「中唐」の白居易の影響が色濃く出てくる。そうした時間差をともなう並行性と重層性は、歴史学や文学史でもすでに指摘されているが（佐藤全敏前掲、川口前掲など）、《C2》の「花だけ」の詠い方も同じように取り入れられた。

そのなかで、日本語圏の桜の特徴的なあり方も表現されていく。例えば「桜が散る」ことに特に注目して、終わりを象徴的に表現するようになる（梁青「九世紀末の桜花詩」『日本語・日本学研究』八、二〇一八年）。だから、桜には「国香知有異（他とは異なる、国の香がある）」（島田忠臣「惜桜花」）と漢詩で詠うことも、特に奇妙なことではなかったし、中国語圏の「桜」は桜とはちがうというこじつけに走る必要もなかった。

桃と桜の花比べ

平安時代の詩文の作者たちは、中国語圏での花の詠われ方も知っていたようだ。例えば、菅原道真は『新撰万葉集』という文集で、日本語の和歌を漢詩に翻案しているが、情景にあわせて「花」を「桃」や「梅」に訳し分けている。その一方で、「桜」はそのまま「桜」にしている（『新撰万葉集 上』春歌三、一二、一七）。

紫式部が「瓶に挿して見ていた桜が散ったので」と詞書きをつけて詠った、

おりて見ば近まさりせよ桃の花思ひぐまなき桜おしまじ

にも、日本の桜と中国の桃の対比を見ることができる。夫の藤原宣孝の返歌、

ももといふ名もあるものを時のまに散る桜にも思ひおとさじ

も、桃が「実も花も」の花であることをふまえると、いっそう感慨ぶかい（南波浩校注『紫式部集』二八〜二九頁、岩波文庫）。長く実りがあると約束する歌になるからだ。

紫式部は、中国の詩文での桃の詠われ方を知っていたのだろう。宣孝も何を言いかけられたかは敏感に察して、うまく返した。そんな人柄までふくめて、思い出の歌として歌集に入れたのかもしれない。さらにその次の歌では沈約の詩と同じように（↓一章2）、梨の

花と桜の花を並べて詠っている。漢詩文の教養の深さがうかがわれる。

『源氏物語』の桜——秩序の壊乱者

その一方で、『源氏物語』での桜の描かれ方には、日本語圏に独異な意味づけも見出される。

特に印象的なのは、巻名にもなった「花宴」と、「若菜 上・下」だ。それぞれの描写もよく引用されるが、物語の上でも二つの巻には共通性がある。それまでの秩序がともに破れていくのである。

「花宴」では内裏を彩る夜桜のなかで、光源氏が朧月夜と関係をもつ。それによって、朝廷と京都から追われることになる。「若菜」では、その光源氏が正妻として迎えた女三の宮が柏木と密通する。「花宴」では光源氏が「内」から「外」へ排斥されるきっかけとなり、「若菜」では天皇に准じる人物として「内」の頂点に立った光源氏の、自邸の六条院という、空間的にも最も「内」へ、柏木という「外」が侵入する。

物語の上でも大きな意味をもつその二つの出来事が、ともに桜を背景にしておきる。そのときの桜は息をのむくらい美しく、ひどく禍々しい。明るさと暗さをともに帯びる、というか、最も明るいがゆえに暗転していく。その両義性において、「外なる内」としての桜が見事に表現されている。

いうまでもなく、そこで重要なのは意味づけで、桜の種類ではない。例えば、白居易の自宅の庭で咲いていた「桜桃花」を代わりに持ってきても、内裏の桜も六条院の桜も、やはりさくらだっただろう。

「泰山府君」の由来

『平家物語』にも、桜の二面性を示す挿話がある。「桜町中納言」こと藤原成範の逸話だ。これも教科書にときどき出てくる。

――藤原成範は、平治の乱で殺された藤原信西の子どもで、屋敷の周りを桜で埋め尽くした。それで「桜町中納言」と呼ばれたが、あるとき、とても美しい桜を手に入れた。その花が散るのを惜しんだ成範は、天照大神に桜の長寿を祈りつづけた。彼の祈りが通じたのか、その桜は二〇日間が過ぎても、散らなかった。それでこの桜を「泰山府君(たいざんふくん)」と呼ぶ。

私も中学三年生のときに、国語の古文の授業でこの話を読んだ。ほのぼのした好い話だなあ、としか思わなかったので、偉そうなことはいえないのだが、この話は明らかに変だ。

天照大神に祈って長寿を授けられたのであれば、「天照大神」と名づけるべきだろう。神さまの名前をつけるのは不敬だ、と思われたわけでもない。「泰山府君」も神さまの名だからだ。これは寿命をつかさどる神格で、陰陽師の安倍晴明が切り札のように使う「泰山府君祭」でも知られる。「泰山」は中国山東省にある有名な山で、その山に座すことから、こう呼ばれる。

天照大神に長寿を授かった桜が、なぜ「泰山府君」と呼ばれるのか。実はこの話は改作されているのである。『平家物語』の写本にはいくつか系統があるが、比較的旧い形を残す延慶本では、「成範は泰山府君に長寿を祈って、だから泰山府君と呼ばれた」になっている。同じく旧い形を残すとされる『源平盛衰記』では「泰山府君に祈った上で天照大神に祈って」になっている。

もともとは、泰山府君に祈ったから「泰山府君」と呼ばれた、であったと考えられている（橋口晋作「延慶本『平家物語』、『源平盛衰記』、覚一本『平家物語』における泰山府君」『語文研究』四八、一九七九年など）。

異神と桜

日本の桜の長寿を中国の名山に座す神に祈る。二〇世紀の桜語りからすれば、それだけでもう十分に「ありえない」が、やはり『源平盛衰記』によれば、泰山府君は「赤山明神」の別名とされる（折口前掲二三九頁など）。「赤山」も山東省の、山東半島にある山だ。

そして「赤山明神」にはもう一つ別名がある。「新羅明神」だ（山本ひろ子『異神　上』第一章付論Ⅰと注二八、ちくま学芸文庫、一九九八年）。

藤原成範が祈った神はどうやら住所不定らしいが、一つの点は一貫している。この神は日本＝「日域」の外部すなわち「異域」の神格なのだ（同三五、一〇四頁）。まさにそれが最も重要な点であり、だからこそ安倍晴明も切り札に使えた。日本の天皇家は天照大神の子孫で、日本の神々も天照大神の血縁にあたる。それゆえ、天皇家に連なる人間を呪詛するときには、日本の神格は使えない。血縁関係のない、外部の神を使う必要があった。それが泰山府君であり、赤山明神であり、新羅明神なのである。

そんな神さまに桜の長寿を祈った。「桜町中納言」の挿話は、当初はそんな内容だった。能の演目にも『泰山府君』がある。同じ挿話を題材にしたもので、作者は世阿弥とされる。こちらでは「泰山府君に祈ったから泰山府君」という筋になっている。室町時代ごろまでは、「泰山府君」という名の桜の由来は、本来の形で伝えられていたようだ。

例えばそういう形で「外」につながるものとしても、中世の桜は考えられていた。「異域の神」である新羅明神は疫神でもある（山本ひろ子前掲）。そんな異神とも重なる「外」との回路として、桜は受け取られていた（↓四章3）。

「八重桜は異ようこと」

そうした桜の意味づけをふまえると、もう一つ、やはり有名な桜語りも別の読み方ができる。吉田兼好の『徒然草』の一節だ。これも古文の教科書によく出てくる。

花はひとへなるよし、八重桜は奈良の都にのみありけるをこのごろぞ世に多くなり侍るなる。吉野の花、左近の桜、皆ひとへにてこそあれ。八重桜はことやうものなり。いとこちたくねぢけたり、植ゑずともありなむ。

白を基調とした一重の桜を「本当の桜」「正しい桜」とした二〇世紀の桜語りでは、何度となく引用された文章だが、実際にはもっと深みがありそうだ。

まず、「吉野の桜も左近の桜も一重」というのは、単純に事実ではない。吉野の桜に八重咲きもあることは、昔から知られていた。左近の桜というのは、内裏の紫宸殿の左側（向かって右側）、左近の陣に植えられた桜だ。これはもともと「左近の梅」で、九世紀前半ごろに桜に替わったが、一重と決まっていたわけではない（『桜花抄』前掲二一〇頁、勝木前掲一四六頁）。

「いにしへの奈良の都の八重桜」の歌が詠われたのは、平安時代の一条天皇の宮廷である。

そこに紫式部も出仕していたが、『源氏物語』の六条院にも八重桜は咲いていた。

つまり、この文章は、「こうだ」という事実を述べたものではない。「こうありたい」という反事実的な願望を述べたものだ。だとすれば、八重桜を「異様」「拗けた」とするのも、その異様さに反発しながら惹きつけられてしまうからではないだろうか。桜の花に畏れを感じ、散りゆく花びらに疫神の影を重ねたように。

そんな美しさを中世の人々は桜に見ていたようだ。そういう意味では、この「異よう」さの本質を最もよく言い当てているのは、室町時代の歌僧、正徹かもしれない。正徹は『徒然草』を再発見した人でもあるが、吉野の桜に関しては「ただ花には吉野山……を詠むことと思ひ付けて詠み侍るばかり」と書いている（小川剛生訳注『正徹物語』三三頁、角川ソフィア文庫）。「吉野の桜」は実在の吉野ではなく、現実の外の、想像の世界の桜なのである。

異域の香り

そうした形で桜は「外」とつながっていた。

名づけ方でもそうだ。桜の旧い品種名は異域の匂いがする。文献上で確認できる最も旧い品種名は先ほど出てきた「泰山府君」で、中国の山に座す神の名だ。「普賢象」も旧く、もともとは「普賢堂」だったという伝承もあるが、いずれにせよ、仏教の菩薩の名前から来ている。「象」はその普賢菩薩の乗り物で、これも日本にはいない動物だ。

「御衣黄」もその一つである。これも不思議な名だ。緑色の花なのに「黄」と呼ばれる。そのためか、解説もこじつけめいたものが多い。「むかし天皇や貴人の衣服……の色が黄緑色であったところから」などといわれてきた（有岡『桜Ⅰ』前掲九頁など）。

この説明も誤りで、「御衣黄」は中国の花の名前から来ている。宋の時代の花書に、芍薬や菊の品種名として出てくる（佐藤武敏前掲一〇六頁など）。「御衣」は中国の皇帝の服。中国では、世界の中心は黄色で表わす。その中心の中心にいるのが皇帝で、それゆえ皇帝の正装も黄色を使う。「御衣黄」とはその「御衣」のような「黄」で、高貴な感じの黄色の花という意味だろう。牡丹の品種名にも「禁苑黄」というのがある（同八九頁）。

なぜそれが日本の桜の、それも緑色の花の桜の名になったかはともかく、そんな名づけ方ができた。そのこと自体が注目される。実在の中国というより、桜がまとう「外」の香りを、その意味でのエキゾシズムを表現したものだろう。

芍薬と菊の「御衣黄」はともに薄い黄色で、菊の方はやがて白に変わる（同一三五頁）。桜の御衣黄は花弁に薄い黄色が交じり、白い部分もある。色彩的には共通するが、よくあてはまるといえるほどではない。一七世紀半ばごろの那波道円『桜譜』には芍薬の名としてあげられているので、桜の名になったのはそれ以降だろうが、桜に異域の花の名を借りてくるのがかっこいい、という感覚がなければ、考えにくい名づけ方だ。

2 「正しい桜」の序列化——桜の近世

近世の始まり

このような中世の桜の姿は、江戸時代になって変わり始める。

一七世紀から始まる江戸時代は、しばしば「近世」と呼ばれる。その前の中世と明治以降の近代との間、という意味だ。江戸時代の社会や文化は、いくつかの面で明治以降と似た性格をもつ。その点に注目した時代区分である。

ここでもそれを使おう。桜に関しても同じことがいえるからだ。近世すなわち江戸時代には、「外」に関して二つの大きな変化がおきる。

一つは生態系での外部が大きく後退することだ。中世までは、大きな河川の下流部は水害を受けやすかった。安定した耕地が少なく、人間もわずかしか住めなかった。当時、人々が主に住んでいたのは山あいや山の麓、盆地などだ。首都の奈良も京都も盆地である。

生態系での外部が遠のく

それが多数の人間を組織的に動員する大規模な土木工事によって、河川の流れをより制御できるようになる。用水路などの灌漑設備も大規模に整備されて、水田だけでなく、耕地全体がふえて収穫量も多くなる。それまで人があまり住めなかった下流部の平野でも農業が営まれ、交通の便がよい場所には大きな都市もできる。江戸（東京）や大坂（大阪）などがそうだ。

長期気候変動の面では、一七世紀は地球全体で寒冷期で、飢饉がしばしば起こり、人口が減少した地域もある（中塚武『気候適応の日本史』吉川弘文館、二〇二二年）。中国でも明王国が崩壊し、満州族を中心とした清に代わる。それに対して、日本では平均気温がやはり低下したにもかかわらず、人口は大幅に増えた。一七世紀の一〇〇年間で三倍近くになる。環境条件の悪化に対して、人間の営みで対応できるようになったわけだ。

春に人が死にやすい状態も、飢饉の年以外は解消される（↓四章3）。

一方で、平均身長は中世より低くなったというデータもあるので、単純に生活水準があがったというより、大量の人力を動員して運営される社会になった。そういった方が正確

図5－1

だろうが、いずれにせよ、人間の世界が空間的に拡大しただけでなく、より安定的になった。その二重の意味で、生態系での外部が遠ざかる。

それにあわせて、桜も「外なる内」の性格を薄めていく。江戸時代は八重桜の時代として知られる。都市に住む人間たちによって、さまざまな八重桜が品種改良で作り出された。その背景には、農業開発による人口増と都市の拡大があった。

そうやって近世の桜は、人の世界のより内部へ移っていった（図5－1）。

空間的な外部の消失

もう一つの変化は空間的な外部が消失することだ。

海外との交流が厳重に管理されるようになり、接触できる窓口も長崎や沖縄、北海道の端の方だけに限定される。いわゆる「鎖国」だ。それによって異域にあたる「外」が消えていく。

もちろん全ての交流が途絶えたわけではない。桜関連でいえば、本草学などの、植物に関する詳しい知識が載った文献は中国から輸入されつづけたが、人の往き来はできなくなった。中国語圏の「桜」に関する記事はより多く読めるようになったが、「桜」を直接見た人間と話す機会はほとんどなくなり、数行の文字だけで想像するしかなくなった。

そのなかで日本語圏の桜語りは、特定の方向へ想像力をふくらませていく。断片的な記事や渡来した禅僧のあやふやな発言から、「中国には桜はないのではないか」と想像し始めるのである。「中国の詩文の「桜」はユスラウメ」という語りがそこから生まれてくる。

こうして「中国にさくらはあるのか」「中国の桜と日本の桜は同じものなのか」をめぐる論争の幕があがる。この論争は日本の桜の独自性をとりあげた点で、二〇世紀後半までつづく桜語りの原型になる。裏返せば、日本の桜の独自性がどのように語られてきたのかを教えてくれる。その意味でも注目される。

江戸時代の「桜」論争

「中国の「桜」は日本のさくらとは全く別ものだ」とした林羅山から、「一部は重なる」とした寺島良安、「日本のさくらの一部または全部が中国では全く別の名で呼ばれている」とした貝原益軒や松岡玄達をはさんで、「さくらと「桜」はほぼ同じものだ」とした

図5－2

山崎闇斎や那波道円まで、「桜」論争では一見、多様な議論が交わされた。教科書に出てくる有名な学者が顔をそろえており、儒学史の上でも興味ぶかい。日本独自の植物学の誕生がそこに見出されることもあるが（大場秀章『江戸の植物学』東京大学出版会、一九九七年）、従来の解説では重要な点が一つ、見過ごされてきた。

これは大きな誤解の上で展開された論争なのである。ほぼ全ての参加者が中国の「桜」「桜桃」のことを知らずに議論していた。いやそれどころか、誤った情報を共有していた。

一目でわかる証拠をあげよう。**図5－2**は寺島の『和漢三才図会』の「桜桃」の項目にあるイラストだ（早稲田大学古典籍総合データベースより）。『農業全書』の「桜桃（ゆすら）」にも、よく似た挿画がついている。江戸時代の多くの人は、こうした樹を中国の「桜」すなわち「桜桃」だと考えていた。

どこがおかしいか、お気づきだろうか。この図の植物は小花柄が長くないのだ。

第一章で少し詳しく述べたように、中国の「桜」は、小花柄の長さと葉の形状の二つの特徴で見分けられていた。唐の詩でも「垂れる」「揺れる」姿が詠われて、『植物名実図考』のような図鑑でも小花柄が長く描かれた。そこから「桜」がサクラ属にあたることもわかるが、その点が完全に抜け落ちている。

空想の『桜桃』と実在の桜

『和漢三才図会』にも『農業全書』にも、「桜」の項目はある。そこにも挿画があるが、そちらの小花柄は長い。『和漢三才図会』には「海棠梨」、つまり海棠にあたる項目もあって、その挿画でもやはり小花柄が長く描かれている。つまり、小花柄の長さ短さそれ自体には関心がもたれていた。

したがって結論はこうなる。――中国の「桜」「桜桃」は小花柄が短いか、ほとんどない。江戸時代の人々の多くはそう考えていた。いいかえれば、実在の桜桃ではなく、空想上の『桜桃』、つまり日本語圏の内部でいわば勝手に思い描いた幻像（イメージ）をもとに、「中国にさくらはあるのか」「中国の桜と日本の桜は同じものか」を熱く論じていたのである。

当時の人々が中国の「桜」を知る上で、最も重要な資料源としていたのは李時珍の『本草綱目』だ。明の時代の本草学を代表する著作で、中国でも日本でも広く読まれていた。『本草綱目』の「桜桃」の項目には、葉の形状の特徴や、「茂った花は雪のようである」という咲き方の特徴とともに（→一章3）、「桜桃（櫻桃）」という名の由来として、「其顆如瓔珠、故謂之櫻（その実は瓔珞の珠のようであり、それゆえ櫻と呼ばれる）」と書かれている（https://zh.wikisource.org/wiki/本草綱目/果之二#櫻桃）。

桜花の首飾り

この語源論も日本語圏ではある程度知られており、現代の解説でも、「桜（櫻）」の字は花や実を首飾りに見立てたものからきたといわれている、とされている（加納喜光「桜」加納『植物の漢字語源辞典』東京堂出版、二〇〇八年、勝木前掲二一頁など）。もちろんそれで誤りではないが、李時珍の解説はもっと明確に、桜の花や実の形状に関連づけたものではないだろうか。

瓔珞は真珠や玉、金属などを紐で通したり、つないだりした飾りで、垂れ下がる形のものが多い。日本では仏像の周りの装飾で、よく目にする。つまり、小花柄が長くて垂れて揺れるという形状を「瓔珠」にたとえて、それを「桜（櫻）」の語源だとしたのではないか。近年の日本語圏でも、画家の東山魁夷が京都の祇園円山の枝垂桜の花を「枝々は数知れぬ淡紅の瓔珞を下げ」と形容している（『京洛四季』二八頁、新潮文庫）。

だとしても、言葉足らずで不親切だと思えるかもしれない。けれども、形状の説明としては、この程度で十分だった。なぜなら、明で出版された『本草綱目』の原著、李時珍の生前に刊行が始まったテクスト（金陵本）には、「桜桃」のイラストが付いていたからだ。それが**図5－3**である（国立公文書館デジタルアーカイブ「本草綱目」請求番号：別042－0008「本草綱目2」より、ネットで閲覧可）。

この画には、長い小花柄がはっきり描かれている。**図5－2**とは全く別の植物だ。これを見て、ユスラウメだという人はいないだろう（↓一章2）。現代の日本でも、ほとんどの人が「さくら！」と思うのではないか。

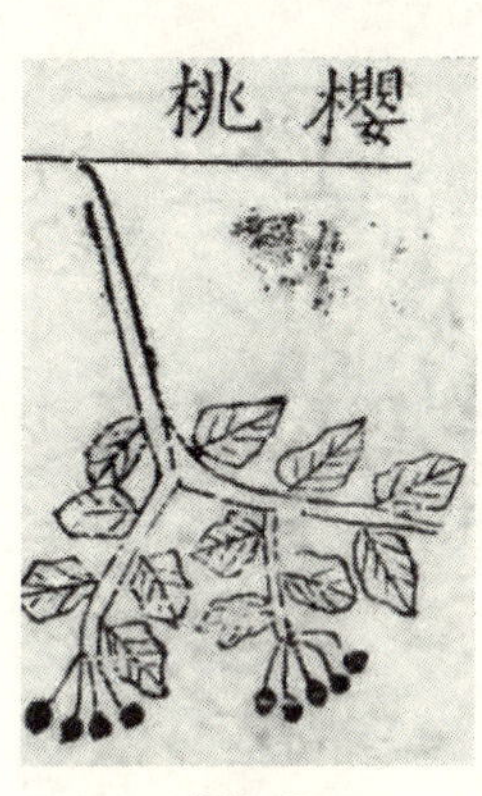

図5－3

「櫻」や「瓔」のつくりでもある「嬰」は「首飾りをつけた」女性を表わすといわれるが、これも「首飾りを下げた（かけた）」女性で、首から垂れ下がる飾りのような実や花をつける樹、という意味で「櫻」とされた。李時珍はそう考えたのだろう。私もそれが最も説得的な字源だと思う。

「桜」論争の実態

江戸時代の「桜」論争は、実際にはこのようなものだった。

ユスラウメとカラミザクラは葉の形は似ているが、咲く時期と小花柄の長さが全くちがう。どちらも実際に見ればすぐわかる特徴で、明治になって実際に見た人たちは「これが桜桃だったのか！」と驚くことになる。裏返せば、空間的な外部を失うことで、日本語圏の内部だけで空想をふくらませていった。それが「桜」論争の実態なのである。

だから、これは本当は論争ではない。一人一人の語り手がそれぞれ、日本の「さくら」はどのようなものだと思っているのか――その想いを語る独白（モノローグ）に近い。現代でいえば、基本的な「事実確認（ファクト・チェック）」なしに激しい主張をぶつけあう、ネット言説に近いものだ。

それゆえ、例えば林羅山が述べたとされる「中華の詩人の詠ずるところの桜花は、これ桜桃なり。古詩に曰く、山桜発きて燃えんと欲す、唐詩の、白桜桃の下紫の綸巾、皆これか」（原文は『桜品』による）も、中国の詩文の「桜花」はカラミザクラであって、さくらではない、といった意味にはならない。沈約の詩の「山桜」は梨の花と同時に咲いているのでカラミザクラではないと考えられるが（↓一章2）、それ以前に、カラミザクラにあたる植物を林は知らなかったからだ。

彼が知っていたのは空想の『桜桃』である。空想だから、実在の桜とはちがうのはあたりまえだ。つまり、林は「ちがうからちがうのだ」と言っているにすぎない。まさに独白である。

である。

ユスラウメ説の起源

それらのなかで特に影響力があったと思われるのが、貝原益軒（篤信）の『大和本草』である。

『大和本草』は一八世紀初めごろに刊行された。中国語圏の本草学の引き写しではなく、独自の本草学を打ち立てようとしたものだとされている。その「桜桃」の項目で貝原は「本邦ニ在ル所ノユスラト云ヘル小樹ニ能ク合ヘリ」と述べた。

一六九七年刊の宮崎安貞『農業全書』でも、「桜桃」に「ゆすら」とルビがふられている。この時点ですでにユスラウメ説があったことがわかるが、宮崎は貝原とも交流があった。『農業全書』で「桜桃」を「ゆすら」としたのは、貝原の影響ではないだろうか。あるいは、宮崎が貝原に、ユスラウメという樹のことを教えたのかもしれない。

『大和本草』では「桜桃」の項目でも「桜」の項目でも、『本草綱目』の「桜桃」の記事が引用されているが、「瓔珠」にはふれていない。貝原は『本草綱目』の和刻本、つまり日本独自の再刊にも関わっているが、その「桜桃」の画は**図5－4**である（国立国会図書館デジタルコレクション、https://dl.ndl.go.jp/pid/2575782/1/44より）。**図5－3**とはやはり全く別の植物だ。こちらは桃の一種に見える。

原著の**図5－3**では、長い小花柄が四本ずつ、ひとしい長さで描かれている。それらが

図5-4

全て一点から伸びていて、植物分類学でいう「散形花序」であることまでわかる。それに対して、**図5-4**では小花柄自体が描かれておらず、実の位置から推測される長さもまちまちだ。貝原は小花柄の長さの重要性に、全く気づいていなかったのだろう。

「中国の「桜」はユスラウメ」だといわれる場合、『大和本草』が典拠とされる。それが実際にはどんなものだったのか、よくわかるだろう。ユスラウメ説はたんなる誤解、それもはっきりいえば、初歩的な誤解から生まれた。にもかかわらず急速に広まり、長く受け継がれた(*)。そうした点でも、戦後の桜語りとよく似ている。

枝垂桜(いとざくら)は「垂糸海棠」

その一方で、貝原は興味ぶかい主張も述べている。「中華ニ桜ト云フハ朱花(アカキ)ナリ。日本ノ桜ト云フ物ハ中華ニ之無シ」とした上で「イトザクラ、唐ヨリモ来ル。唐人コレヲ垂絲海棠ト云フ」と書いている(『大和本草』「巻十二　花木　桜」)。

日本の桜が中国の何にあたるかに関しては、これも全く無意味な議論だ。そもそも貝原自身が『大和本草』の「桜桃」の項目では「春の初めに白い花が開く」という『本草綱目』の解説を引用しており、辻褄があわない。(**)

「垂糸海棠」に関しても、『和漢三才図会』には「まだ存在しない」とあるので、あの『桜桃』と同じく、中国語圏の文献の断片的な記事にもとづく想像だろう。

では、そうした記事では「垂糸海棠」はどのような特徴をもつ花だったのだろうか。

一つはいうまでもなく、枝も花も垂れていた。その点はサクラ属と共通する。それが

(*)　一八世紀初めの「唐話」、つまり中国語辞書にも「桜桃」を「ゆすら」とするものが現われる(蔡雅芸「江戸時代日本における中国語受容の一形態　「櫻桃花」をめぐって」『或問』一八、二〇一〇年)。一八〇三年刊の小野蘭山『本草綱目啓蒙』は「桜桃」を「ユスラウメ」、「山嬰桃」を「ヤマザクラ」と訓じた上で、「山嬰桃」の項目で、中国では「桜ヲ桜桃ニ混スルコト多シ」としている。つまり、中国の「桜」のなかにはさくらと同じものも混ざっているとしている。

(**)　貝原は「王世懋カ花疏ニハ垂糸桜桃木ヲ以テ接クトイヘリユスラノ木ニツクヘシトナリ」とも書いているが、「花疏」(『学圃雑疏』)の原文は「垂糸以桜桃木接」だけで(https://zh.wikisource.org/wiki/學圃雜疏)、「ユスラ」以下は貝原が独自に付け加えたものだ。文献考証としてはずさんで、文献を厳密に読む習慣がなかったようだ。

「垂糸海棠」は枝垂桜だとされた主な理由だろう。空想上の『桜桃』の方は花が垂れないから、日本の桜とは別ものになる。

もう一つは「そもそも中華では、海棠を花の第一とし、詩人も最もこれを賞美する」。そのなかでも垂糸海棠は「上級品」とされていた（島田ほか前掲三二一頁）。これは実際にそうで、宋の時代以降、垂糸海棠は桜桃よりも知名度が高く、詩文にもよく詠われる。例えば宋の時代の『花経』では垂糸海棠は三品七命、桜桃は四品六命、海棠は六品四命に順位づけられている。

中国の文献上の「垂糸海棠」はそうした花であり、それを貝原は日本の枝垂桜と同じものだとした。いいかえれば、日本の枝垂桜と同じモノが、中国では「垂糸海棠」という名で愛好され、鑑賞され、詩文でも賞賛されている。貝原はそう考えていたことになる。

さくらは中国でも「賞美」されている

江戸時代でおそらく最も有名な桜図鑑、『桜品』ではもっと強烈な主張がなされる(*)。日本のさくらはその全てが「垂糸海棠」にあたる、としたのである。つまり、さくら＝「垂糸海棠」説を唱えた。

あてはめとしてはもちろんこれも誤っているが、重要なのはそこではない。貝原の枝垂桜＝「垂糸海棠」説と同じことがやはりこれにもいえる。日本のさくらと同じモノが、中国では「垂糸海棠」という名で愛好され、鑑賞され、詩文でも賞賛されている。『桜品』ではそのように考えられていた。

　日本と中国では呼び名はちがうが、同じモノを見て、同じように感動している。貝原や『桜品』はそう考えていたのである。特に『桜品』のさくら＝「垂糸海棠」説に立てば、日本のさくらにあたる花は全て「垂糸海棠」として、中国でも愛好され、鑑賞されていることになる。日本のさくらと中国の「桜」は基本的に同じものだとした山崎や那波の主張と、実質的にあまり変わらない。その点でいえば、貝原も特に国粋主義的なことを書いているわけではない。

　江戸時代の多くの人たちにとっては、日本の花の文化と中国語圏の花の文化は、そうい

（＊）『桜品』という著作は二つある。一つは「甘雨亭叢書別集」のもので、もう一つは『怡顔斎（いがんさい）桜品』と通称されているものだ。前者を『桜品1』、後者を『桜品2』とすると、ほとんどの文献や解説では『2』の方を『桜品』として紹介・引用している。それゆえ、ここでも『2』を『桜品』と呼んでおく。詳しいことは省略するが、二つは著作としては全く別のものであり、『2』は松岡玄達の著作ではないと考えられる。

う形で重なっていた。名前はちがうが、同じ花を同じように愛好し、詩文で賞賛している。そんな風に考えられていた。だから、「垂糸海棠」に関する中国の詩文の表現を、日本のさくらを詠う詩に取り入れようともした（甲斐雄一「村瀬栲亭『垂糸海棠詩纂』初探」『中国文学論集』五〇、二〇二一年）。

もう一つの本草学の視線

「桜」論争のなかにも、もっと科学的な議論をした人はいる。寺島良安だ。寺島の『和漢三才図会』は貝原の『大和本草』とほぼ同時期に刊行されているが、正確さは全く異なる。『和漢三才図会』では、「海棠梨」と「桜」と「糸垂桜」が別々の項目として立てられている。

「糸垂桜」の項目では、日本の枝垂桜だけにふれており、垂糸海棠にはふれていない。貝原は、垂糸海棠は本海棠や実海棠とは全く別のもので、本当は海棠ではないとしたが、寺島は、垂糸海棠は海棠（本海棠）とは異なるが、同じ種類のものとしてあつかっている。「桜」の項目では主にさくらのことが書いてあるが、王安石の「山桜」の詩をあげて、「中国にも桜はないわけではない」としている。沈約の詩の「山桜」にもふれている。一章2で述べたように、二つの詩に出てくる「山桜」はヤマザクラや彼岸桜に近い種類である可能性が高い。その点では、むしろ的確な議論になっている。

「桜桃」に関しては、先ほど紹介したように、誤った情報にもとづいてユスラウメだとしている。だから「山桜」と「桜桃」を別の植物だと考えたのか、あるいは小野蘭山のように、中国の「桜」にはユスラウメとさくらが混ざっていると考えたのだろうが、『本草綱目』の「桜桃」の解説とユスラウメがくいちがう点も明記している。文献の内容を自分の観察と照らし合わせて、より正確な事実を確認しようとしており、実際に観察できない場合は、無理な断定をさけている。学術的な信頼性の水準が貝原とは全くちがう。

「桜桃」の項目の最後には、あの藤原頼長の日記の「桜実」の記事が引用されている（→一章3）。これはカラミザクラの果実だと考えられるので、「桜桃」が何にあたるかに関しても、正解にかなり近い答えも出している。実際、明治になって「桜桃」がユスラウメではなく、カラミザクラであることが見出されたとき、『和漢三才図会』のこの記事も思い出されている（→五章3）。

「桜」論争の文体

裏返せば、「桜」論争のほとんどの参加者は「桜桃」がユスラウメか、「垂糸海棠」が枝垂桜なのかを論じたわけではない。ユスラウメに似た植物として『桜桃』を、枝垂桜に似

図5-5

図5-6

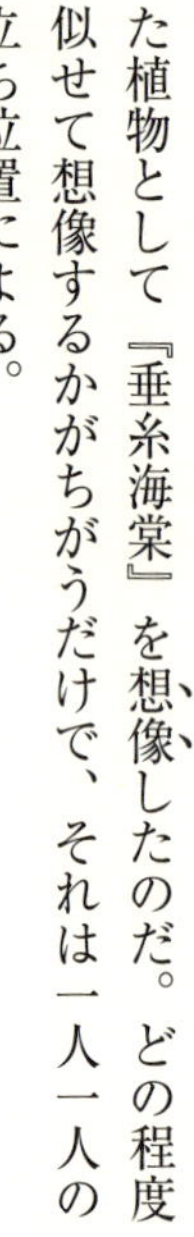

た植物として『垂糸海棠』を想像したのだ。どの程度似せて想像するかがちがうだけで、それは一人一人の立ち位置による。

「垂糸海棠」についても、例えば小野蘭山『花彙』の刊本をみると、一七六五（明和二）年刊のものには「垂糸海棠」という項目があり、枝垂桜（糸桜）と同じだとしているが、一八四三（天保一四）年刊のものでは、「垂糸海棠」という項目自体がなく、代わりに「糸桜」という項目が「和品」として出てくる（国立国会図書館デジタルコレクションより）。

おそらくこの間に、本物の垂糸海棠すなわち花海棠が日本に渡来して、枝垂桜と全く別の植物だとわかったのだろう。一方、画は全く同じだ（**図5-5〜6**）。『花彙』の「垂糸海棠」が実際には枝垂桜から想像されたものだったことがわかる。『大和本草』や『桜品』でも同じだろう。

語られる結論も奇妙だ。「中国には桜はない」と主張しながら、「日本のさくらと同じものは中国にもあって、詩文に詠われている」とする。あるいは、「中国の「桜」のなかにはさくらと同じものがある」としながら、「ユスラウメと区別されていない」とも主張する。さくらが中国に「ある」ことにしたいのか、「ない」ことにしたいのか、どちらなの？といいたくなるが、むしろこの中途半端さこそが近世の桜語りの特徴なのだろう。

その直接の原因は空間的な外部の消失、つまり中国の桜や海棠を日本語話者が観察できなくなり、正確な情報が手に入らなくなったことにある。その結果、日本語圏に内閉した形で日本の桜の独自性を語り始めた。**事実を語るという装いで、観念や想像を語る**ことになった。何よりもその点で、近世の桜語りはそれ以降の桜語りの原型の一つとなった。

畏しさの後退

そこにはもう一つの外部も関わっていたのかもしれない。生態系での外部が遠ざかることで、桜の花が怖しいもの、鎮めるべきものだという感覚も薄らいだ。「外なる内」というあり方が弱まっていった。その結果、中国の牡丹や「桜」とどこが本当に異なるのかを、見失い始めていたのではないだろうか。

例えば普賢象は「里桜」のなかでも特に旧い品種だが、江戸時代には、京都の千本通りにある千本閻魔堂の名花とされていた。その花が咲くと、刑死者のために、花鎮めの風流踊念仏が一〇日間催されていた。そうした伝承が近世京都の都市誌や『和漢三才図会』などに記されている。

千本通りは平安京の朱雀大路だが、中世以降の京都では都市域の西の境界線だった。閻魔堂、風流踊念仏、刑死なども人間世界の「外」に通じる（↓一章4、四章3）。花鎮めの祭りと同じく、こうした伝承も桜の花が「外」との回路であった痕跡を残しているが、江戸時代にはすでに曖昧な、断片的な記憶になっていたようだ（山本淳「「死活杖祭」の変遷」『論究日本文學』九三、二〇一〇年）。

工芸の意匠でも近世に入ると、桜の文様が広く使われるようになる（日高前掲）。満開の桜が描かれることも多くなり、桜の花が身近で、つねに見られるものへ近づいていく。

「正しい」桜を区別する

そうした点を考えあわせると、「桜」論争で最も重要なのはその内容よりも、その効果ではないだろうか。

平安時代の桜の語り方をみると、現在のサクラ属に入るものは全て「さくら」とされていたと考えられる。それに対して、江戸時代の「桜」論争は、サクラ属のなかをさらに区別していった。カラミザクラを詠った詩文が、サクラを描いたものではないとされたり、枝垂桜はさくらではなく、別種の植物だとされたりした。

個々の境界線には現在からみて妥当な主張も妥当でない主張もあるが、こうした線引きの営みはそれ自体で、一つの効果をおよぼす。連続的なちがいのなかに「である/でない」の二分法をもちこむことで、序列化がおきるのである。

全て桜だったもののなかに、「桜らしいが桜でない」と「桜らしくて桜である」という区別を立てれば、「桜である」のなかにも「とても桜らしい桜」と「それほど桜らしくない桜」の区別が立てられる。区別の基準が恣意的であればあるほど、そうなりやすい。図式化すれば、

全てが桜 ⬇ 「桜らしいが桜でない/桜らしくて桜である」
⬇ 「全く桜でない/桜らしいが桜でない/まあまあ桜らしい桜/とても桜らしい桜」

という形で、「桜である/でない」の区別が、「桜でない」でも「桜である」でも再生産される。

桜の「正偽」を見定める

実際、「桜」論争が進むにつれて、桜のなかで「真正な（オーセンティック）」桜を見極め、見定めようとする人たちが現われた。例えば「花顚」こと三熊思孝は「桜は皇国の尤物にして異国にはなし。これをゑがくは国民の操ならむ」として、桜を描くことに人生を捧げたといわれる（山田前掲三三二頁）。その画は妹の露香の模写「桜花三十六帖」によって残されている。

三熊兄妹は「桜花の正偽」を追求した。彼らがめざしたのは桜の花をできるだけ正確に描くことであって、特定の桜だけを賞揚したわけでないが、その正確さは桜の内部に細かな区別を見出していく。それが「桜は……異国にはなし」という観念と結びつくことで、「正しい桜」が創り出される。

その延長上に、西日本に自生する桜の一つの種類が特に「ヤマザクラ」と名づけられるようになる。

「やまざくら」という日本語は本来「山の桜」を意味する。山で自生する桜は全て「やまざくら」だった。実際、気温の関係でヤマザクラが咲きにくい長野県では、彼岸桜が「やまざくら」と呼ばれていたし、大きな白い花と明るい緑の葉が目立つ大島桜が自生する南関東では、大島桜が「やまざくら」だった。西日本の山野にも彼岸桜やクマノザクラは自生する。それらも「やまざくら」だったはずだ。

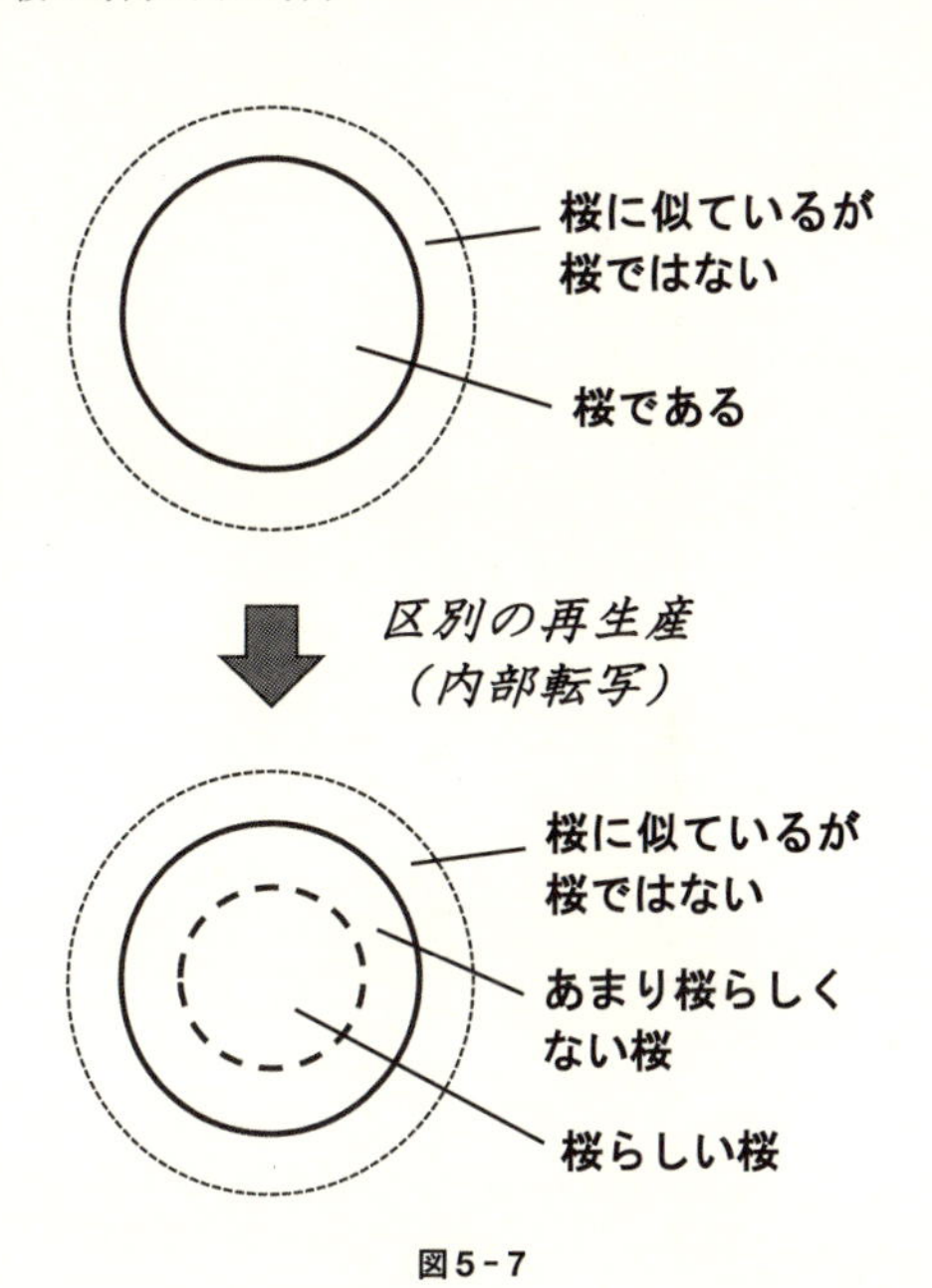

図5－7

その「やまざくら」を桜の一つの種類だけの固有名とし、日本語圏の詩歌で詠われた「山の桜」や「山桜」は、全てヤマザクラだとしてしまう。ヤマザクラが「日本の本来の桜」「日本の真正な桜」となり、それ以外の桜がヤマザクラからの距離によって序列化される。「正しい桜」の同心円ができあがる。

図で描けば**図5－7**のようになる。桜らしい桜を中心において、そこからの「桜らしさ」度によって、桜の内部も外部も序列化される。桜の内部も外部も一つの同心円の秩序に包摂される。

この同心円は朱子学の華夷秩序によく似ている。おそらく直接の影響もあっただろうが、生物の種の分布や人間のエスニシティのような連続的なちがいのなかに、本質的な区別を見出そうとすれば、どうしてもこういう考え方になってしまう。

「外なる内」の忘却

「真正な桜」探しが全く無意味だとは思わないが、そうした営みが意義をもつには、（1）「正しい／正しくない」の基準を明確に示し、（2）正確な知識にもとづいてその基準をあてはめる必要がある。江戸時代から昭和の戦後まで、桜語りの多くは（1）も（2）も欠いていた。

そうした「真正な桜」探しは日本語圏の桜にとって皮肉な効果をもたらす。同心円で描くとわかりやすいが、（1）と（2）を欠く「真正さ」は「内なる内」と同じ位置づけになるからだ。

それは「外なる内」という日本語圏の桜の伝統をさらに薄めて、牡丹ともっと似たものにしてしまう。中国の桜との意味づけのちがいも消してしまう。中国の桜は桃や梅と同じように、人間の世界の内部にある。そのような花々の頂点に立つのが牡丹だからだ（**↓図**

4-5)。

「真正な桜」探しは、日本語圏の桜の独異さをより強く見失わせる。どんな基準で「正しい」とするかにかかわりなく、「真正な桜」を求めることそれ自体によって。その果てに「中国の桜は全てユスラウメで、桜ではない」みたいな語りも、広く受け入れられるようになったのではないか。わかりやすくいえば、桜の花の意味づけが桃や牡丹に近づくのにつれて、植物の種類としての日本の桜の独自性が強調されていくのである。

一章2では、現在の中国古典文学の研究では「中国の桜はユスラウメではなく、カラミザクラだ」と考えられていることを紹介した。実はこれは新しい説ではなく、再発見にあたる。

「開国」によって日本語話者が自由に国外に出られるようになると、中国にももちろん渡航した。そこで発見されたのは、中国の桜がミザクラという桜の一種であるという事実だった。ミザクラが「さくら」かどうかはともかく、少なくともユスラウメではなかった。小花柄が長く、花も実も垂れる植物だった。

それは現地で「桜」を見れば、誰でもわかる。文字通り客観的な事実だ。にもかかわらずユスラウメ説は生き延びる。それどころか、第二次大戦後の日本語圏では、「桜」がミザクラだったという発見の方が忘れ去られていく。「中国の桜はユスラウメ」という虚構が、戦前の学術的な観察や報告も無視する形で、事実にされていく。

その要因の一つが「真正な桜」探しだとすれば、歴史の皮肉、それも強烈な皮肉だというしかない。

3 「内」への転進——桜の近代1

西欧近代との出会い

一九世紀後半から西欧の近代社会との接触が再開されると、日本は産業社会へ大きく転換していく。そのなかで、桜の見方や語り方もさらに変わっていく。

二週間ほどの、あわただしい桜の春もその一つだ。ヤマザクラのような、一重で白い花の桜が「本当の日本の桜」とされるのもその一つである。これらもそうだが、昭和の戦後、二〇世紀後半の日本語圏で桜の「伝統」とされていたことには、明治以降にできたものが少なくない。第一章でとりあげた「サ＋クラ」語源説や「桜には実が成らない」もその一つだ。

具体的な話はすでに『桜が創った「日本」』に書いたので、そちらを読んでほしいが、内／外という視点でみれば、これらには共通する方向性がある。特に二〇世紀以降の、日本近代の桜の意味づけでは、生態系での外部や空間的な外部が近世以上に見失われ、桜語りにも、事実を離れて観念化していく力がより強く働くようになる。戦後の桜語りもそうやって生み出されたものだ。

それまでの桜の姿

こうした方向性は江戸時代にすでに現われていたが、当時の人たちは実際の桜もよく見ていた。「桜」論争でも、多くの人は、全くちがうものだとはしなかった。常識的に考えても、梅や桃など、他の春の花々がどちらにもあって、桜だけが日本にしかないというのは考えにくい。逆にいえば、桜のみを春の花として見るようになる。それも一か月ではなく、二週間しか見なくなる。それによって、桜の観念化が進んでいったのではないか。

生態系との関わりでも、江戸時代までは人間世界を取り囲む生態系との間で、微妙なバランスをとりつづける必要があった。自然の資源を過剰に利用すれば、それによって個人の暮らしも社会も立ち行かなくなる。大きな樹を切り過ぎれば、建材がなくなる。小さな木まで燃料や田畑の肥料に使い尽くせば、はげ山だけが残る。漁業も近くの海でしかできない。

そうした意味で、自然資源のあり方に大きく制約されていた。大規模な自然災害に対する対処にも限界がある。生態系での外部はまだ目に見える形で存在していた。化石燃料と内燃機関の組み合わせをもたない状態では、そういう形で生態系での外部＝「山の世界」とつきあっていくしかなかった。

空間的な外部との関わりでは、桜の長寿を中国の山東省の山にいる神に祈ることもできたし、黄色を帯びた緑の桜に、中国の菊や芍薬の品種名を借りてくることもできた。「垂糸海棠」は桜と同じ花かもしれない、と想像することさえできた。桜は日本語圏にとって特別な花であったが、他の土地にはありえない花ではなかった。

「実も花も」の残響

「実も花も」という意味づけも、日本語圏の花の文化から消え去ったわけではない。三章1で述べたように、これは農耕民の生活ではごく自然な接し方であり、その社会の最も主要な産業が農業であるかぎり、何らかの形でありつづけるものだろう。

近世以降の日本の都市の桜でも、例えば寺門静軒『江戸繁昌記　初篇』「上野」の一重桜／八重桜の対比においても、そして明治の文芸でいえば島崎藤村『桜の実の熟する時』

での梅と桜の対比でも、桜の花は濃厚な性愛の匂いに包まれている（↓三章3）。けれども、その匂いは大伴家持の桃李の歌とはちがって、むしろ桜の実らなさ、より正確にいえば、桃や梅のようには実が成らないことへ強く引き寄せられている。そうした形で「花だけ」の意味づけの一部になっている。《J2》桜を特権的な対象とし、桜に圧倒的な重みをもたせる日本語圏の「花だけ」の文化の内部で、重層化されていた（↓四章2）。

それが近世までの、これもより正確にいえば、一九世紀までの日本語圏の桜の姿であった。

生態系での外部が消えていく

二〇世紀以降の日本の近代では、そのようなあり方がさらに大きく変わっていく。生態系での外部に関しては、科学技術の力を動員して、野山の自然を大きく切り裂いていった。そこに桜が大量に植えられた。桜はもともと陽樹であり、森林の空き地に芽吹いて育つ。強い風雨にさらされやすく、土も崩れやすい日本列島では、桜が咲く空き地はつねにできつづける。

江戸時代までは、そうした空き地もいずれ緑で覆われた。桜も新たな空き地を求めて、花をつけ、実を鳥や人に運ばせて、咲く場所をつねに遷しつづけていた。

それに対して、近代になると、切り裂いた土地に桜を植えた上で、その空間を永久的に保とうとするようになる。大規模な土木工事で、従来にない速度で空き地を造り出していったではなく、造った桜の景観も不変に保とうとした。人工的な空間の上で、人工的に時間も停めようとしたわけだ。

それを二〇世紀以降の日本人たちは「桜を愛する」ことだと考えた。どれほど強烈な転倒がおきたか、それだけでも想像できると思う。

空間的な外部との再会

空間的な外部に関しては、さらに驚くべきことがおきる。新たな情報や知識が入ってくるのだが、それをやがて忘れていくのである。

一九世紀後半の「開国」によって、再び日本語話者が中国に渡ることができるようになった。そこで発見されたのは、中国の桜はユスラウメではなく、カラミザクラだという単純明快な事実である。一九〇四（明治三七）年の『好古類纂　園芸部類』「花信風（櫻桃）」で、武田信賢はこう伝えている（一〇頁、好古社）。

桜桃の近世我邦に渡来せしは、明治八九年の頃に、勧農局より吏員を清国に派遣し、該国の果樹を採集せし時に……水蜜桃と共に輸入せしものにて、其折に始て彼国の桜桃を見る事を得たり、今に至りては諸所に栽培播殖し、此果実を多く坊間に鬻ぐに至れり（桜桃が最近、我が国に渡来したのは、明治八〜九年ごろに勧農局の職員を清国に派遣して、その国の果樹を採集したときに……水蜜桃とともに輸入したもので、その時に初めて中国の桜桃を実際に見ることができた。現在では各地で栽培・繁殖されて、その果実は広く販売されている）

中国の「桜」を実際に見ることができただけでなく、果樹として輸入し、あちこちで栽培した。江戸時代でも桜の実は食べられていたから、美味しい桜にも特に違和感はなかっただろう。日本でも大正期まではカラミザクラの実がさくらんぼとして、売られ、食べられていた。(*)

「花信風（櫻桃）」では、中国語圏の詩文の「桜」はこのカラミザクラだろうと同定しているだけでなく、『和漢三才図会』を引用する形で、藤原頼長の日記の記事にも言及している。

「桜」が何であるかは、日本語圏との関わりもふくめて、このときほぼ正解が見出されていたのである。武田は「桜桃」の挿画も載せている（**図5-8**、原図は彩色）。中国語圏の文献と同じく（→一章2、五章2）、花や実の小花柄が長い。サクラ属に共通する特徴がやはりとらえられている。

図5－8

桜の科学的観察

「桜博士」と呼ばれた植物学者の三好学は、一九二一（大正一〇）年の「昔の櫻と今の櫻」で次のように述べている（三好前掲三〇～三一頁、［＝　］は佐藤による補足、以下同じ）。

支那にも実際桜のあることは近世［＝近年］になつて外国の植物学者の探検に依て知れて来ました。それはどういふ所にあるかといふと、辺鄙な土地ですが四川地方の山々には、野生の桜があつて、可成り広く分布して居ることが報告されてある。それから近年になつて外国の植物採集家などが支那の内地を歩いて調べて見た所が、色色の桜がある。其桜は純然たる野生で、山に生えて居る。大体から見ると日本の山桜［＝ヤマザクラ］のやうであるが、併し其花の美観や培養種の点から見ると、日本の山桜並に里桜とは全く別でありまます。支那では昔から桜といふものは一般に知れて居ない。……其等の桜は日本の桜とは全く同一のものではないが、広い意味からいふと、山桜の系統に近いものである。さうして又支那の野生の桜から美しい培養種が出来て居るや否やは少しも知れて居ませぬから、支那の国民性には桜は何等の影響がないと思ひます。

「昔の櫻と今の櫻」は一般向けの講演をもとに、雑誌『櫻』四号に掲載された。当時の専門家の先進的な知識にあたるものだ。同時代の桜語りとしても、貴重な証言である。

要約すれば、（a）中国のカラミザクラに近い自生種は中国西南部に広く分布している。

（＊）「花信風」の編著者が武田信賢であることは、三好学が雑誌『櫻』に寄せた記事でもふれている（三好前掲二八三頁）。なお、山形県寒河江市のホームページの「さくらんぼ大百科事典」では、内務省勧業寮（明治一〇年に勧農局に改称）によってカラミザクラが中国から輸入されたのは明治五年で、全国に苗木が配布されたのが明治八年だとされている（https://www.city.sagae.yamagata.jp/sagae/sakuranbodaihyaka/jiten_rekishi.html）。こちらの方が正確だろう。

実際にはカラミザクラは平安時代にはすでに入っていたが、果樹としては広まらなかったようだ。暖かい土地で育つため、みかんなどとの競争にさらされたのではないか。ただ、交配や接ぎ木によって、その遺伝子の一部が日本の桜に入った可能性は考えられる。

（b）それ以外にも多様な桜が中国にあり、日本のヤマザクラに近いものもある。（c）中国の人々には桜はほとんど知られていない。（d）文化として桜が定着しているかどうかは、鑑賞用に品種改良されているかが指標になる、と書かれている。

中国にもさくらは咲いていた

（c）に関しては、第一章で述べたように、白居易などの有名な詩人たちにも詠われており、鑑賞用の品種も作り出されていた。つまり実際には「支那の野生の桜から」も「美しい培養種が出来て居る」ことになるが、それ以外は現在でも十分に通用する。

『桜が創った「日本」』で述べたように、明治の終わりごろから桜に関する知識が大きく入れ替わる。江戸時代までの詩文の教養が失われ、西欧からの科学的知識や「科学風」な語りが前面に出てくる。（c）にもそれがよく表われているが、科学的な観察だけをとれば、かなり信頼性が高い。

三好は江戸時代の本草学の文献にも詳しく、もちろんユスラウメ説も知っている。その上で「中国の桜」とはっきり書いている。武田信賢「花信風（櫻桃）」を読んでいたことも、後押しになったのだろう。

（d）に関しても、品種改良の程度という明確な基準を示している。だから、三好自身の基準（d）からみても、日本の桜と中国の桜は（c）の程度の上では、はっきりちがいがある、と訂正することもできる。(*) **文化的なちがい**の見出し方としても、適切な方法論だ（↓一章3）。

中国でもさくらと同じ花は咲いている——当時の桜好きにとっては、そちらの方が常識だった。三好は桜の春を一か月半から二か月だとしており、多様な桜を植えて長く花を楽しむことも奨めている。「あわただしい春」でもなかった。

「セラサス」類の提唱

「昔の櫻と今の櫻」が載った雑誌『櫻』四号には、大谷光瑞の「櫻」も載っている（↓一章3）。

この寄稿の前半部で大谷は、(1) 日本の桜と中国の「桜」の間に一定のちがいがあることをふまえて、日本の桜は「さくら」、中国の「桜」は学名の「プルナス、シュドセラ

（＊）中国語圏の詩文の伝統から当時の東京の桜を表現したものとしては、小川恒男「郁曼陀の「東京雑事詩」について」『明治の東京を描いた中国詩の集成』（科研費報告書、二〇一三年）参照。桜桃とさくらとの距離感が具体的に感覚できる。

サス」（prunus pseudocerasus、現在の cerasus pseudocerasus で、直訳すれば「桜もどき」）と呼んだ方がよい、といった意見もあることにふれた上で、（2）中国の「桜」は「ユスラウメを指す」とされてきたが、中国の桜もやはり「プルナス、セラサス」とするのが適切だと思われる、と述べている。

さらに（3）中国の桜も鑑賞されていた、さまざまな詩にも詠われており、特に唐の白居易には桜を詠った詩が多い、（4）実が詠われることと花が詠われることはほぼ半々であるが、（5）桃や李に比べると詠われることは圧倒的に少なく、「鑑賞上の価値」はほとんどない、としている。

その上で、（6）杭州の名所、西湖の近くの山あいで、三月下旬に白い花が咲く野生の「セラサス」をみたが、それは日本の「彼岸ザクラ」に似ていた。（7）湖北省宜昌市の近くでは、三月上旬に咲く白い花の桜もみたが、これも「セラサス」だった。「杭州の産とは全く別物」で、農家が「朱実」を得るために田畑に植えていたものだった、と述べている。

記事の後半では、（8）日本の桜の美しさは日本の民族性をよく表わしており、（9）桜が日本に多く他の地域には少ないのは民族の力による。（10）「天然の花は気韻があり、人為の美は卑俗なり」という議論もあるが、人工の力は自然に勝るのだから、桜の品種改良を大規模に進めて、世界中に日本の桜を広めるべきだ、としている。

後半部には当時の特有の語彙がいくつも出てくるが、現在の言い方に直せば、「桜は日本のソフト・パワーとして最も強力なものだから、大々的に育成し活用していこう」という文化戦略論だ。「桜」を「アニメ」や「マンガ」に換えれば、今日でもよく語られている。

桜をめぐる知識と教養

前半部は、科学的な知識も漢詩文の教養もある当時の知識人の、桜の理解を示すものだ。白居易の詩にしばしば出てくること、花も実も詠われていたことにもふれている。その上で「鑑賞上の価値」はないとしている。つまり、ここでの「価値」とは、中国語圏の花の文化では重要なものではなかったということで、中国には桜は咲いていないとか、詩文では詠われていないということではない。「支那の国民性には桜は何等の影響がない」という三好の文章も、そのような意味だろう。

その一方で、こうした知識や教養がどのような圧力にさらされていたかも、この寄稿からうかがえる。中国の桜はサクラではない、サクラもどきでしかない、という「真正さ」を求める語りもされていた。ユスラウメ説も頑強に唱えられていた。むしろそちらの方が広まっていた。

さらに、花についての一般論の形だが、人工的なものは卑俗だという見方も根強くあった。桜だけでなく、菊も薔薇も百合も牡丹も、花菖蒲も躑躅もツバキも、江戸時代には品種改良が進んでいた。二〇世紀の初めの日本の都市で目にする花は、その多くが何らかの形で人工的だったはずだが、その事実を無視して、観念的に「自然／人工」の対比をあてはめる。そうした語りも広まっていた。

植物学での定説

少し後になるが、牧野富太郎も一九三六（昭和一一）年の「桜」で「桜というものはわが日本においての名花であって外国にはない、日本だけであるとよく言うのであるが……世の学問が開けて植物の研究が届いてくると、……日本の内地以外にも桜というものはあるということが分かってきた」「昔の本草学者は桜のことを桜桃と言っておったこともあれば、またゆすらうめだとも定めておったこともあるが、だんだん研究の結果桜桃は支那にある一種の植物で、桜またはゆすらうめとは全然別物であることが分かった」と書いている（『牧野富太郎選集2　春の草木と万葉の草木』五九、六四頁、東京美術）。

三好や大谷とはちがって、牧野は桜桃を、日本の桜とは全く別の、中国の「特産果樹

（花樹ではない）」とした（「サクラ痴言」『花物語』ちくま学芸文庫）。実際には中国の桜桃にも鑑賞用の品種があるし、花と葉の形状もさくらと共通する。論証ぬきで「さくらとはちがう」と結論する点では、ユスラウメ説と変わらない。

それでも、日本の桜と同じ桜が日本列島以外にも広く見られること、そして中国の「桜桃」はユスラウメではないことは確認している。第二次大戦前の日本の植物学では、少なくともこの二点は定説だったようだ。

戦前の桜語りの水準

山田孝雄『櫻史』の「はしがき」でもこう書かれている（前掲一九頁）。

　桜花はわが国民の性情の権化なり。わが桜と同じき樹は外国になきにあらずといへどもわが国の花より麗はしく咲けるはなしとぞいふ。思へば国民の性情のこの花によりて薫化養成せられたること幾何（いくばく）なるべきか、蓋（けだ）し測り知るべからざるなり。若しわが国に古（いにしへ）より桜といふ花なかりしものとせば、わが国史の成迹（せいせき）は果して今日の如くにてあるべきか。

『櫻史』は一九二〇年代に雑誌『櫻』に連載されたものが、もとになっている。三好よりもさらに強烈に桜と国民性を結びつけているが、それでも、中国に桜はない、とはしていない。また、ヤマザクラを最も重要な桜として位置づけているが、八重桜などの多彩で多様な桜にも目を配っている。

『万葉集』の梅と桜の歌に関しても、数のちがいを明示した上で、梅の歌一一〇首のうち四三首が大伴旅人の梅花の宴関連であることだけでなく、桜の歌は梅の歌よりも多くの巻に渡って出てくること、さらに梅のほとんどが「園樹」、すなわち庭園や果樹園など、人間世界の内部のものであることも指摘している。数の大小だけでなく、詠われ方のちがいにも注目して検討した上で、梅が一部の人々に熱心に鑑賞されたのに対して、桜は広い範囲の人々が見て愉しんでいた、と述べている（同三〇～三一頁）。

見ることと鑑賞することを明確に区別していないので、やや曖昧な結論になっているが、奈良時代の梅が平安時代に桜に交代した、と考えていたわけではない。「梅から桜へ」交代説とはむしろ逆の見方をとっていた。『懐風藻』の桜の詩にもふれている（同四一～四二頁）。平安京の内裏、紫宸殿前の「左近の桜」は平安時代の初めごろに、梅から植えかえられたとされているが、その対である「右近の橘」は「外国傳来の名ある植物」であることも述べている（同六四頁）。

戦後へ

山田も三好も武田の「花信風（櫻桃）」は必ず読んでいる。だから二人とも、平安時代にカラミザクラがすでに日本にあって、「桜実」が食べられていたことも知っていたはずだ。植物学から漢詩文まで、広い範囲の知識をふまえて、日本の桜を位置づけている。

和辻哲郎の『風土』は、これらとは別の系統に属する（→一章1）。「真正な桜」を求める語りを、哲学風に味つけしたものだ。哲学者というより、流行作家の文章である。

率直にいえば、あの程度の貧弱な知識で風土を語る大胆さに、私はいつも驚かされるが、『桜が創った「日本」』でも述べたように、昭和の戦後、つまり二〇世紀後半の桜語りの「事実上の標準」になるのは、和辻のような語り方である。その点で、染井吉野とよく似ている。染井吉野が日本列島を席巻する形で、桜の春を塗り替えていくのも戦後である。

さらにいえば、桜にも実が成ることがくり返し、驚きとともに再発見されつづけるのも、戦後である。

4　戦後と桜語り――桜の近代2

戦後の桜語り

私にとって最初の旅になった『桜が創った「日本」』でやはり述べたように（→序章2）、日本列島の景観が大規模な開発や土木工事によって、根こそぎ変わっていくのも戦後の、一九五〇年代からである。それによって生態系での外部も、従来にない規模で急激に失われていったが、空間的な外部に関してはさらに大きな変化がおきた。桜の時空にかぎっていえば、明治になって回復された外部が再び失われるのである。

第二次大戦後に中華人民共和国が成立して、日本語話者が両方の土地を往き来するのが再びむずかしくなる。日本語圏の桜の歴史、特に桜語りにとって、それは第二の「鎖国」であった。

そのなかで、戦前に明確に否定されたユスラウメ説が復活する。青木正児が一九五八年に書いた文章では、「いまでこそ桜桃がサクランボであることは周知の事実であるが」とあり（「桜桃はユスラウメに非ず」『中華名物考』前掲三〇一頁）、まだ正しい知識が共有されていたようだが、やがてユスラウメ説が半死者（ゾンビ）のように蘇ってくる。

衝撃的なのは、中国古典文学や植物学の研究者にまで、これが受け入れられたことだ。それもごく最近までそうだった。

学術と語り

これも誤解されやすいので、最初に断っておくが、学術の議論にはふつうに誤りがある。私自身、何度もやらかしている。けれども、それがやがて他の人や本人自身によって訂正される。学術はつねに正しいわけでない。むしろそうやって修正していく力こそが、学術の中心になる。

ユスラウメ説はすでに述べたように、江戸時代に生じた初歩的な誤解による。中国の桜桃も小花柄が長いというサクラ属の特徴をもつことが見過ごされた。それによっておきたものだ。

だから明治になって、日本語圏の人間が桜桃を実際に観察できるようになると、誤りは修正された。学術の外部では根強く残りつづけたが、牧野や青木の言い方からすると、それでも昭和になると少しずつ、ユスラウメ説が誤りであることも知られていったようだ。

ところが、戦後になるとそれが逆転する。「俗説」だったユスラウメ説が学術の世界でも正しいものとされる。もちろん、全てがそうなったわけではなく、加納喜光「桜桃」

（加納前掲）のように、花期の問題をのぞけば、ほぼ正しい解説もあるが、専門家以外の、一般の読者に向けた学術系文庫では、ユスラウメ説の方が主流になっていく。少なくとも二〇一〇年代まではそうで、その影響を受けたのだろう、ネットなどの解説では、二〇二〇年代でもユスラウメ説が広く信じられている。

一度修正されたものが、誤った方向へ再修正されるのは、科学社会学的にもかなりめずらしい。その意味でも、戦後の桜語りを象徴するような出来事だ。

蘇るユスラウメ

中国古典文学でいえば、例えば二〇一三年刊の井波律子『一陽来復』は「二十四番花信風」を紹介しているが、「立春」の二番目の「桜桃」に「ユスラ」という和名を付け加えている（前掲八頁）。沈約の「山桜」の詩も、後藤明正『花　燃えんと欲す』では「やましの花とゆすらうめの花を詠じて」とされている（前掲五二頁）。

李商隠の「桜と柳」の詩も読み替えられる（→一章3）。一九五八年刊の高橋和巳注『李商隠』では「桜花」に、「日本のサクラではなく桜桃の花である」と注記されている（七四頁、岩波書店）。刊行年から考えて、カラミザクラの花だという意味だろう。ところが、二〇〇八年刊の川合康三選訳『李商隠詩選』の訳注では「ユスラウメのたぐいのバラ科の花。桜桃は仮の訳」となっている（一二五頁、岩波文庫）。高橋の注記は参照されているので（三五二頁）、「ユスラウメ」を入れることで、サクラではない可能性を強調したのだろう。二〇一一年刊の川合康三訳注『白楽天詩選 上』では、「感月悲逝者」の「桜桃」に「ニワザクラ」（二八頁）、「秦中吟 傷宅」の「桜桃」に「ユスラウメ」（二二四頁）と、別々の植物があてられている。どれにあたるのか、決めかねたのかもしれないが、サクラではないとする点は一貫している。(*)

都市誌の日本語訳でも、同じようなことがおきている。南宋の首都だった杭州（臨安）を描いた『夢粱録』は二〇〇〇年に刊行されているが、梅原郁の訳注では「桜」はさくらではなく、ユスラウメだと強調されている（↓一章3）。それに対して宋（北宋）の首都開封を描いた『東京夢華録（とうけいむかろく）』の入矢義高・梅原郁訳注では、「桜桃（さくらんぼ）」とルビがふられている（二七〇頁、平凡社東洋文庫、一九九六年）。こちらも旧い訳の方がより正しい。

（＊）二〇一八年刊の川合ほか訳注前掲の「早発定山（沈約）」の注記では、「「桜」は桜桃（シナミザクラ）」とされているが（前掲三一三頁）、一章2で述べたように、この桜がカラミザクラ（シナミザクラ）である可能性は低い。

植物分類学でもユスラウメ

植物分類学でも中国の「桜」はユスラウメとされるようになる。例えば秋山忍「サクラ」ではこのように書かれている（大場秀章・秋山忍『現代日本生物誌8　ツバキとサクラ』八九～九〇頁、岩波書店、二〇〇三年）。

日本ではサクラに桜（櫻）の漢字を当てている。しかし、櫻の字は、中国ではユスラウメをさす。中国の詩文にみえる「櫻花」や「櫻樹」はサクラではなくユスラウメのことをいっている。ユスラウメ（含桃・桜桃、日本では毛桜桃という）は中国では古くから果樹として珍重され、『礼記』に、仲夏の月に天子が含桃を寝廟に薦める礼がしるされているという……。ちなみにサクラの仲間であるサクランボは桜桃と書く。

このような、歴史上の用法があるにもかかわらず、現在の中国では……いわゆるサクラに桜の漢字を当て、ユスラウメには毛桜桃の文字を当てている。……

一方、これも広い意味ではサクラの仲間であるモモには日本でも中国同様に「桃」の漢字が使われている。……モモは中国では花も愛でられたが、サクラはほとんど詩文に登場しない。

意味が明確につかめない部分もあるが、中国の「桜」は歴史的にはユスラウメをさし、「桜桃」は「サクラの仲間であるサクランボ」＝カラミザクラをさす言葉だった。「にもかかわらず」現在では、「桜」はサクラをさし、ユスラウメは「毛桜桃」と呼ばれている、と考えたようだ。(＊)

「古く」と「現在」が「にもかかわらず」で結ばれているように、不自然なところがあるのに著者は気づいている。ところが、いや、にもかかわらず、それは日本語圏のユスラウメ説が誤っているからではなく、中国語圏で「歴史上の用法」を無視しているからだ、とされる。日本の側を理由なしで正しい(デフォルト)とし、架空の外部に原因を求める。江戸時代の本草学と同じ種類の誤りがおきているが（↓五章2）、それもふくめて、「真正さ」の同心円がここにも働いているのだろう。

「サクラはほとんど詩文に登場しない」も誤りである。こうした誤解は勝木『桜の科学』にもみられる（前掲二一〇～二一一頁）。ユスラウメ説とあわせて、戦後の植物学関連ではある程度一般化しているのかもしれない（白幡洋三郎『花見と桜』PHP新書、二〇〇〇年など）。

（＊）なお、詩文や本草学の文献には「毛桜桃」は出てこない。青木正児が指摘しているように、ユスラウメに対応する固有な名称は史料では確認できない（「桜桃はユスラウメに非ず」前掲）。

花の環の一つとして

「桜」はカラミザクラだとする語りにも、同じような傾向がみられる。例えば寺山『和漢古典植物考』では「さくら（桜）」と「さくらんぼ（桜坊）」を別の項目として立てて、それぞれこう解説している。

「さくらは日本を原産地とし、日本を代表する花木であり、中国にもこれにあたるものは存在せず、日本の国花となすにふさわしい（注）一説には中国にも、西部（四川省）・西南部（雲南省）の山中に桜が見出されるが、これは日本の桜の如く美麗ではないと云う。三好学）」（前掲二六八頁）。「漢名、桜又は桜桃は、みざくら（さくらんぼ）を意味し、日本のさくら（漢名、桜花）とは別種である。……みざくらは支那実桜と西洋実桜に大別され、古典漢詩に桜又は桜桃として登場するものは勿論支那実桜である」（同二七四頁）。

「さくら」と「さくらんぼ」＝さくらの実という呼び名を「別種」の名称とすること自体、無理がありすぎるが（→一章4）、中国の「桜」が全てミザクラだともいえない。ヤマザクラや彼岸桜に近いものも咲いていた。そうした「山桜」も「古典漢詩」に登場する（→一章3、五章2）。

注記に三好学をあげているが、三好は「桜の種類で良い花の咲くものはアジアの中部から東部に亙る地方で、即ちヒマラヤの東部から支那の四川省辺それから極東の日本」で、インドでもヒマラヤの桜を「カルカッタその他から花見に出掛け」ると述べている（「櫻の話」前掲一一七〜一八頁）。日本以外の桜は「美麗ではない」などとは書いていない。日本の桜が最も美しいとする主な理由も、美しく咲く品種が多くかつ多様だからだ。三好の文章を恣意的に切り取って、さらに誤読している。

産地が日本だとも断定できない。あえて原産地を語るのならば、ヒマラヤ山脈南麓から雲南、四川、長江流域から東シナ海沿岸、日本列島までを「桜の帯」のように考えた方がよい。ヤマザクラや彼岸桜、寒緋桜、さらにはカラミザクラの元になった自生種や大島桜など、さまざまな桜がそこで自生していた。

そのなかで東アジアの花の環の一つとして、日本語圏では桜が「独自な花」になっていった（→三章2）。そうしたのは、まぎれもなく人間の力だ。日本の桜を誇りたいならば、むしろそこを誇るべきだろう。

桜語りの戦後体制

日本語圏の桜語りでは、戦前よりも戦後の方が知識や考察の水準が劣化する。そんな事態がいくつかの主題で観察できる。序章でふれた八重紅枝垂の由来の話や、『桜が創った「日本」』でとりあげた、桜をめぐる「自然／人工」の対比や染井吉野への評価などがそうだが、日本の桜の独自性についても同じことがいえる。劣化という点では、こちらの方がより深刻かもしれない。

ユスラウメ説も戦前は、ある程度以上の桜の知識をもつ人たちの間では明確に誤りだとされていた。つまり、「俗説」になっていた。ところが戦後になると、学術の世界でも有力な説とされる。率直にいって、驚嘆するというよりも困惑させられるが、事実は事実だ。

カラミザクラ説に立つ語りも、大きく異なるわけではない。中国の「桜」を日本のさくらとは全く別のものにするために、強引な線引きを図る。ユスラウメだとしないかわりに、系統上の遠近を調べずに「別種」としたり、「桜桃」は食用で鑑賞用ではなかったとしたり、沈約や王安石の「山桜」を語句や資料から検討することなく、カラミザクラだと決めつけたりする。

すでに述べたように、戦前の桜好きの間では、日本の桜と同じ種類の桜が日本以外でも咲いていることも、中国語圏の詩文でそれらが詠われていることも、知られていた。江戸時代の「桜」論争でも、貝原益軒や『櫻品』は、日本の桜の一部または全部と同じ花が、別の名で中国語圏でも愛好され、鑑賞されていると主張した。

「日本の桜と同じ花は他にはない」「同じ花はあるが愛好も鑑賞もされていない」といった形で、日本の桜の独自性を語ることが「常識」になるのは、二〇世紀後半の、昭和の戦後からなのである。

さくららしさの喪失

なぜこんな事態がおきたかは、詳しくは今後の課題にするしかないが、桜の時空の旅からはとりあえず二つ、要因があげられる。

一つは、生態系の上でも空間的にも、外部が消失することで、「外なる内」という桜の伝統的な意味づけが薄らいだ。それに加えて、桜と日本の間に共通する本質があるとすることで、桜は「外なる内」ではなく、むしろ「内なる内」になった。日本の桜の独異さがかえって消されてしまった。

だからこそ、意味づけのちがいではなく、生物の種や「花はあるが見ていない」といった物理＝身体的なちがいとして、「日本の桜と同じものは他にはない」といわざるをえなくなったのではないか（**図5－9**）。

わかりやすくいえば、さくららしさを本当は見失ったからこそ、誤った方向で日本の桜の独自性を見出そうとした。それによって、江戸時代の「桜」論争と同じような、**事実を語るという装いで、観念や想像を語る**桜語りが大量に生み出された。

もう一つはそれとも関連するが、桜と稲が強く結びつけられた。そうすることで桜を水

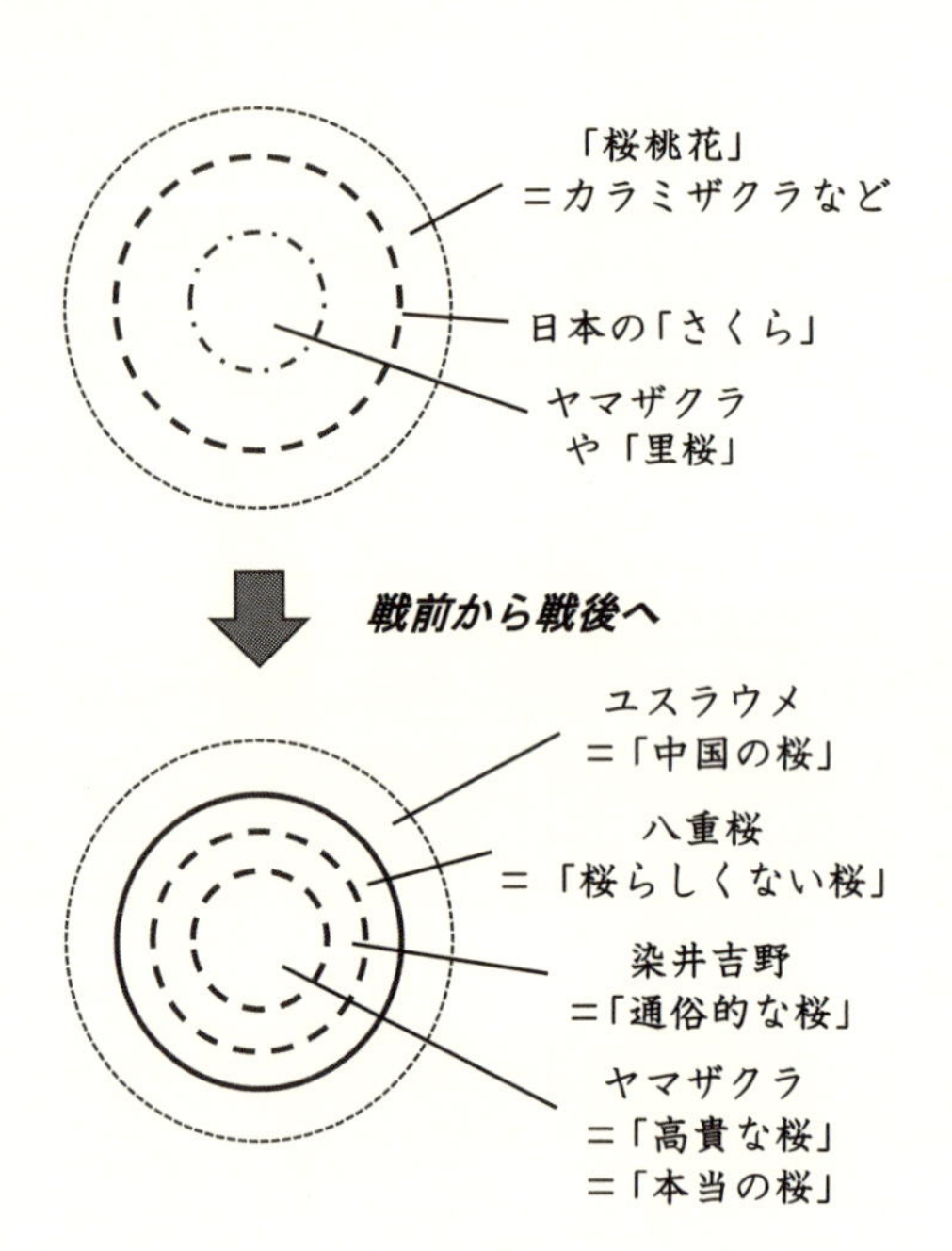

図5－9

田の世界の内部へ、つまりやはり「内なる内」へ引き込んだ。意味づけの変化と稲との結びつけは、どちらが原因でどちらが結果とはいいがたく、やはり論理的に強く関連した二つの出来事だといった方がよいが、いずれにせよ科学的知識ではなく、同時代言説であり、集団心理にあたる。

注目されるのは、これは通常の意味での国家主義とは関係ないことだ。染井吉野に関する語りもそうだが、こうした観念的で反事実的な桜語りは第二次大戦前にできあがってくるが、一般的に広まるのは戦後になってからである。染井吉野が人工的で劣った桜だという語りも、八重紅枝垂が京都生まれの「里帰りの桜」という語りも、戦後に普及していく（→序章2）。

「外」を「内」に読み換える

それによって、桜の見え方や語り方はさらに内閉していく。

例えば、桜井の「サ＋クラ」語源説は折口の「花の話」を引き継いで再解釈したものだが、二つの間には大きな断絶がある。「花の話」では、奈良時代までの桜は端的に「山の桜」とされる（→四章1）。水田耕作の社会にとって、桜はもともとその外部にあった。水田耕作が始まる前の生態系の一部だったという、いわば原初の記憶をそれはとどめていた（折口信夫「村々の祭り」「山のことぶれ」『古代研究Ⅱ　民俗学編2』前掲など）。

それに対して「サ＋クラ」説では、「祖霊が、春農事のはじめにさいして、山のかなた――戌亥のすみから田の神としてくだってこられる」（桜井『万葉びとの憧憬』前掲一〇六頁）。人間世界の内にあった祖霊が、いったん外に出て、そして戻って来る。それが「サ」＝「田の神」だとされた（→一章4）。

折口も桜の花を稲の実りの前兆としたが、それでも「外」だったことは記憶していた。

「サ＋クラ」説では、もともと「内」だったものが、「外」になってまた戻って来る。桜をいったん「自然」として外部に発見した上で、実は内部とつながっていた、という形で内部化する。いわば全ての桜を里帰りの桜にしてしまう。

一章4で述べたように、そうしてしまうと、日本の桜が「さくら」なのは、ここ二〜三〇〇〇年ぐらいの間になってしまうが、それだけでなく、日本の「山桜」と中国の「山桜」の意味づけのちがいも消えてしまう。「山の桜」は本当は「宿の桜」だったことになるからだ。

桜の観念化

折口の「花の話」は一九二八年、桜井の「サ＋クラ」説は一九六一年に発表された。「サ＋クラ」説は戦後の桜語りなのである。それはむしろ戦後に一般化した集団心理を言語化したものであり、だからこそ広く受け入れられたのだろう。

「中国の桜はユスラウメ」という説も、同じような理由で再発見され、普及していったのではないか。日本の桜も本当は内部にあるものになってしまえば、中国の桜と日本の桜が意味づけの上でも同じになる。だから中国の桜はサクラではなくウメの一種だとしたり、食用で鑑賞用ではないとしたりした。

くり返すが、一つ一つの誤解が問題なのではない。学術の世界でも誤りはつねに生じる。それを修正していく力が働かなかった、あるいはそれが無効化されるほど、別の強い力が働いた。その磁場から、学術の研究も自由にはなれなかった。

それほど桜は日本語圏で圧倒的な重みをもつ花であるともいえるが、重みだけでいえば、中世以来、日本語圏で桜はそういう花だった。戦後の桜語りがおびる強烈な磁場は、桜ではなく、戦後の社会が創り出したものだ。学術の内部でも外部でも働きつづけたという点でも、そうだ。

そこには戦後社会の自己意識（自己像）がやはり関わっているように思う。

花と意味づけ

何らかの意味づけなしに、花を見ることはできない。「独自な花」はなおさらそうだ。「ありのままに」というのは、特定の意味づけを密輸入する手段である。

だからこそ、過剰な意味づけは要らない。桜を見る邪魔になる。桜の美しさを「文化装置」にしてしまう（水原紫苑『改訂　桜は本当に美しいのか』平凡社ライブラリー、二〇一七年）。

とりわけ事実とはちがう意味づけはそうだ。「正しい桜」もその一つである。好き嫌いをこえた「正しさ」も「本物」も本来、桜にはない。あえていえば、全ての桜が「桜らしい」桜だ。

日本語圏の桜でいえば、桜が人間たちにとって先住者であったこと、それゆえ自分たちの外部として桜を見つづけ、やがて「外なる内」として鑑賞し愛好したこと。それ以上の何かを桜に見出そうとするとき、その人は桜を見ているのではなく、桜の観念を見ているのだと思う。

そうした過剰な観念のなかでも、特に広く信じられたものが「日本の桜は自然で美しい」であった。それを裏返す形で、「里桜」の八重桜は「穢い」とか、染井吉野は「俗悪」だとかいわれた。あるいは、稲と結びつけた上でそこに日本の自然本性を見出すことで、桜を「内なる内」に引き込んでいった（↓五章3）。

こうした語りが倒錯していることは、やはりすでに述べた。日本の桜は自然かもしれないが、それは生態系の先住者だからだ。水田世界の外部にもともとあったものだから、自然なのである。

「自然だから美しい」わけではない

日本の桜は美しいと私は思うが、それは人間と桜との相互の働きかけによるものだ。自生種のなかでも花が大きい大島桜とヤマザクラを主な素材にして、見映えのよい樹を選抜したり、さまざまな交配を試したりして、より美しい花を作りつづけた。奈良県の吉野山の景観も人工的に作られたものだ。桜からみれば、それは人間という新たな環境条件に適応していった結果でもある。

　中国語圏の詩文から学んだものも多いし、接ぎ木の技術や知識も中国から導入された。その影響をなかったことにするのは、公平ではないし、それ以前に、みっともなくてカッコわるい。むしろその上でどれだけ凄い成果をあげたかを誇ればよいと思うが、「自然な桜こそが真正な桜」という戦後の桜語りは、逆の方向へ走った。

「中国の「桜」はサクラではない」「サクラだけど、日本のさくらとはちがう」。いじましく、そう語りつづけた。戦後の桜語りは桜の潔(いさぎよ)さや恬淡さをさかんに語ったが、その桜語りは全く潔くなく、恬淡でもなかった。

　だとすれば、戦後の観念的で内閉的な桜語りが広まった最大の要因は、敗戦による日本社会の自信喪失かもしれない。せめて桜だけは自分たちだけのものにしたかった。そんな劣等感の裏返しだったのではないか。高度成長期前に生まれた世代に多いのも、思想的な立場では「左」に近い人たちにも広くみられるのも（→序章2）、そう考えればわかりやすい。

　けれども、だとしたら、そんな気持ちで桜の美しさを語るのはもったいない。いや何よりも、桜の美しさにそぐわない。そう感じるのは私だけだろうか。

咲くことと食べられること

「日本の桜が自然だから美しい」とはいえないのは、実が成るとは何を意味するかを考えればよくわかる。

動けない植物は遺伝子を複製するために、動物にとって魅力的な果実をつけて種子を散布させる。より正確にいえば、その方向に進化したものがより良く生き残ることができる。桜でも同じだ。美味しい実をつければ、人間が種をばら撒いてくれる。ときには手間暇かけて栽培して、より多くの実を成らせて、より多くの種を撒いてくれる。遺伝子の効率的な複製という目的からみれば、優れた果樹になるのは適切なあり方の一つだ。

美しい花でも同じことがいえる。『桜が創った「日本」』では、染井吉野は大成功した桜だと述べた。美しい花をつけることで、実が成りにくくても、人間が接ぎ木でどんどん殖やしてくれる。遺伝子の効率的な複製からみれば、これも正しいあり方だ。

美しく咲くことと美味しく食べられることは、ともに人間という環境への適応になっている。その意味で、桜にとっては等価な戦略なのである。美しい花をつけるのも、美味しい実を成らすのも、桜にとって意味は同じだ。どちらかが正しいわけではない。それぞれの面を通じて桜は人間に働きかけ、人間は桜に働きかける。

第一章や第四章で述べたように、桃、李、杏、梨といった、東アジアで旧くから愛された花は、全て春から夏に実が成る。秋に収穫期を迎える穀物を主な食料源とする生活を始めた人間たちにとって、食べ物が乏しくなる時期に、新鮮な栄養を提供してくれる。とても役立つ樹だった。

そうやって、これらの植物は人間との間で相互に働きかけ、ともに生きてきた。そのなかでたまたま美しい花をつけるものが現われると、やがて特に選ばれて、鑑賞用の花になった。美味しい果実が成らなくても、やはり人間の手で育てられ、殖やされて、遺伝子の効率的な複製ができるようになった。

桜にとっての自然さ

そうした東アジアの春の花々のなかで、日本の桜は美しい花をつけることに特化した。鑑賞用かつ食用の方向に進んだカラミザクラと具体的な方向はちがうが、やっていることは等価だ。(*)「花だけ」戦略、「実も花も」戦略、「実だけ」戦略、そのうちのどれかが正しいわけではない。あえていえば、どれも正しい。あとはそれぞれの具体的な状況のちがい、そしてそれぞれの生物種の特性のちがいによって、最も効率的なあり方が決まる。

その点でいえば、サクラ属のなかで特に大きな花をつける大島桜が日本列島の南関東沿岸にあったことは、大きな要因になっただろうが（↓四章2）、それも初期条件の一つにすぎない。自家結実性があり、果樹でも鑑賞用でもあつかいやすいカラミザクラがたまたま見出されたのも同じだ。

だから、美しい花に特化した日本のさくらと、鑑賞用でもあり果樹でもある中国の「桜」との間に、自然さの程度でちがいはない。食用の桜を不自然に感じるのも、「食用だから鑑賞用ではない」と誤解してしまうのも、美しい花の方向で人間と相互作用する日本の桜に、私たちが慣れているだけにすぎない。

美しい桜を見つけて、受け継ごうとすること自体、まぎれもなく人為である。「独自な花」をもつというのは、そういうことだ。日本の桜は美しいが、それは日本の桜が自然だからではない。その意味でも、「自然さ」で差別化した桜の同心円（**↓図5－5**）は、ただの思い込みにすぎない。

身近な「外」だから美しい

だから、日本の桜はなぜ美しいのかという問いにあえて答えるとしたら、身近な「外」だから美しい。そんな答え方になる。美しさの根拠というより、美しさの種類によって答えるしかない。

列島の生態系の先住者として、桜は人間世界の外にあった。遠くで眺めるものだったが、やがて人間世界に近づいて来てくれた。身近になってくれた。そうした桜と人々はさまざまな関わりをもち、お互いに働きかけあった。それによって日本の桜とその景色はつくられていった。

にもかかわらず、桜は人間の世界の内部にはなりきらなかった。世界を破るもの、壊すものでもありつづけた。人間の世界の外で咲く桜を「咲くもの(さくら)」として長く見つづけてきたこの列島の人々は、桜が身近なものになり、庭で咲く姿を楽しむようになってからも、その花をどこか「外」のものとして感じつづけ、畏怖しつづけた。その両面性が日本の桜の美しさの根源にはある（↓四章3）。それは、中国の牡丹にも西欧の薔薇にもない、桜の独異さだと思う。

（＊）　セイヨウミザクラにもいえることだが、桜の、特に紅い実は栄養価だけではなく、実りの季節を知らせることや（↓二章2）、あざやかな色彩の美しさといった点で、視覚的で象徴的な意味が大きい。その意味では、桜は実も鑑賞される樹である。カーカー&ニューマン前掲八九～九一、一四三頁など参照。

独自性の要因

だから、桜は美しい。そして明治以降、日本の桜が日本以外のさまざまな地域に植えられ、春になると日本の桜を見に、多くの観光客が日本を訪れる。それは、同じように感じる人々が日本語圏の外部にもいるからだろう。桜が最も美しい花かどうかはともかく、わざわざ訪れたくなる、自分の近くに持ってきたくなる。ときには「自分たちのもの」にしたくなる。そうした特別な美しさをもった花だと思う。

それは日本の桜が「外なる内」でありつづけたからではないだろうか。そこには第三章や第四章でみてきたように、列島の生態系や水田耕作との距離、東アジア全域にわたる花の文化の展開が関わっている。花つきがゆたかでかつ花が垂れるために、樹全体を花が蔽うように見える、というサクラ属の特徴も重要な要素になったが、サクラ属のなかでの細かい種類、特にヤマザクラかどうかや原産地はほとんど関係ない。

あえていえば、サクラ属のなかで特に花が大きく、潜在的に色替わりしやすい大島桜があったことは影響しているかもしれない。それが八重桜の品種改良でも大きな役割を果たした（↓序章2）。

ヤマザクラにも似た性質があるが、ヤマザクラに近い種類は中国でも自生していた。それが桜桃の鑑賞用品種の開発に関わっていた可能性もあるが（↓一章3）、裏返せば、だからこそヤマザクラが日本の桜の独自性を創り出す要因になったとは考えにくい。

春にだけ咲くことも、「外なる内」と関連する。「内」であるものは「つねに」あるが、「外」であるものは「つねに」はない。それゆえ、牡丹のような「内なる」花は四季咲きの方向になりやすく、「外」でもある花はそうなりにくい。いつでもあるものではなく、時おり人間の世界に現われて来る。そうしたあり方が「外なる内」である桜にはたしかにふさわしい。

「外」と「内」の重ねあわせ——桜とは何か

だから、日本の桜を「春だけ」に咲く花にしつづけた（→四章3）。そのような形で「外」であることを残しながら、より美しい桜を人間の手で作り出しつづけた。そうやって桜を「外なる内」にしつづけた。それが日本の桜の凄絶さを創り出し、桜が咲く時間を特別なものにしてきたのではないか。その意味でも、旧くからある「万朶の花」の理想を具現化しながら散ってゆく染井吉野はやはり日本の桜の最高傑作だと思う。

「外なる内」の桜は狂おしく、切なく、哀しく、そして美しい。中国の「桜」も鑑賞用でもあったが、その点で日本のさくらは全く異なる。牡丹とも、薔薇とも異なる。

「花だけ」の花では本来、咲くことと散ることは対称的であるが、桜では散ることの方により重みがかかる。それも「外なる内」だからだろう。「外なる」ものにとって、咲き来ることは偶然でも必然でもありうるが、散り行くことは必然でしかありえないからだ。

だから、散り去ることが日本の桜のさくららしさだとしても、それは「日本人の心性」のような、私たち＝「内」の特性を反映したものではない。むしろ桜が列島の先住者であり、私たちにとって異質な「外」だったからこそ、散り去ることにさくららしさが見出されてきたのである。

科学的に検証するのはむずかしいが、さくらにはそうした独異な魅力がある。私自身はそう感じているが、だからといって中国の牡丹や西欧の薔薇よりも優れている、とは思わない。より美しいかと訊ねられれば、私にとってはそうだ、としかいいたくない。

私にはそれで十分だからだ。それ以上のことをいいたくなるとすれば、それはむしろ劣等感と自信喪失の裏返しだと思う。

終章

旅の終わり

1　白と紅の交錯　多彩な春へ

桜と桜語りの現在

数千年の時間と、東アジアからシルクロードまでの空間を巡ってきたこの旅も、ようやく終わりにたどりついた。序章で述べた一〇〇年ぶりの桜の色替わりとは何なのかも、見えてきたのではないだろうか。――桜の戦後が、いや日本の桜の二〇世紀が、終わりつつあるのだ。

二〇世紀の桜語りが、「外なる内」という桜のあり方を全く引き継がなかったとは思わない。例えば坂口安吾が「桜の森の満開の下」で語ったように、一人一人の感覚では、桜は依然として怖しいもの、どこか人間の手の届かないものであった。あわただしく過ぎ去る春の狂おしさのなかにも、そうした人ならざる何かへの畏れと敬意は息づいていたと思う（高木きよ子『桜　その聖と俗』中央公論社、一九九六年など）。

けれども、桜を日本に固有な花として位置づけ、「正しい桜」の同心円をつくることで、その畏れも敬意も薄められ、弱められてしまったのではないだろうか。「山の桜」が本来の桜だとしながらも、その「山の桜」を西日本に自生するヤマザクラという特定の種類にすり替えて、「真正な桜」の序列の中心に、いわば観念的な「内なる内」へ内部化することによって、「外なる内」であることを無効化し、無害化していたのではないだろうか。

だとすれば、それは一種の桜殺しでもあったと思う。二週間の間しか桜を見ない。漢字の「桜」の上に「これはサクラではない、ユスラウメだ」と、まるで鬼封じの呪符のように、執拗に注記しつづける。「山の神」を「田の神」に置き換える。

それは実際には、ごく狭い時空でしか成立しない観念のなかに、さくらを封じ込めるものでもあった。あるいは、それもまた桜への畏怖の、一つの表われなのかもしれないが。

彩りの転態

それは桜の花の色にも現われている。

二〇世紀の桜語りにおいて、桜の序列の中心に置かれたのはヤマザクラ、それも白い花のヤマザクラだった。ヤマザクラは本来、自生種の分類名称だから、花が白いとはかぎらない。薄紅やもっと紅の濃い花でも、ヤマザクラはヤマザクラだ。にもかかわらず、白いヤマザクラこそが本当のヤマザクラで、「本物の桜」だとされた。薄く桃色がかった染井吉野は、一段劣る、人工的な桜だとされた。

白という色彩は、多くの言語圏を通じてかなり共通の意味づけをもっている。まず純粋さ、不純物のなさを示す。それは裏返せば、不純物はできるかぎり排除する、そうしなければ自己が成り立たない。そういうことでもある。

白は他の色と交われない。交わってしまえば、白ではなくなる。他の色からの影響にとても脆弱で、だからこそ他の色を排除し、白の白さを、その純粋さを、力ずくでも守らなければならない。暴力を行使してでも、排斥しなければならない。

白の色はそうした観念や理念に容易に結びつく。よく高貴な色だとされるが、人間の血を最も多く流してきたのは、赤ではなく、白を象徴とする観念や理念だと思う。

そうした白は、ある種の超越性に結びつきやすい。日本語の「しろ」という色名もそうだ。「しろ」はもともと「しるい」、漢字を使えば「顕い」から来ているとされる（佐竹昭広「古代日本語における色名の性格」『萬葉集抜書』岩波現代文庫、一九八〇年など）。「顕現する」、すなわち現実世界の外から強烈な力が対象の内部に出現してくる。そうしたあり方を表現する色彩としても使われてきた。

白の排他性

それゆえ、白は神を象徴する色でもある。神もまた現実世界の外から、彼岸から、此岸の、現実世界の特定の対象の内部に出現してくるとされやすいからだ。人間から見れば、対象の内から顕現し、現実の外部からの影響を排除する強烈な力。そういう意味での純粋さを保つ力。そういうものがしばしば白で象徴されてきた。

日本語の「顕い」もその感覚を言葉にしたものだと考えられるが、そうしたあり方は、あくまでも超越性の一つの種類、神の一つの表現にすぎない。白で象徴される神は、他の神とは交わらない。交われない。交われば、超越性が失われる、神ではなくなる。そのような神や超越性が白で象徴される。

だから、白は外部とのつながりを切断する色でもある。桜のなかでも、ヤマザクラのなかでも、白い花のヤマザクラが「真の桜」だとされ、多彩な色を交える八重桜が「穢い」「贋物」の桜だとされた。それもまた、日本近代の、とりわけ戦後の桜が「外」との回路を見失ったからでもあるのではないか。観念に内閉する形で桜がとらえられるようになったことと、やはり関連しているように思う。

白から紅へ

こうした象徴論はデータで裏づけるのがむずかしい。二〇世紀の桜語り以上に観念的で抽象的なものにもなりやすい。だから、あくまでも一つのとらえ方にすぎないことをここでも断っておくが、そんな風に考えたくなる理由はある。序章で述べたように、二一世紀になってから、日本の桜の彩りが大きく変わりつつあるからだ。

日本語圏で神や超越性を象徴する色は、白だけではない。赤（朱）もそうだ。例えば、朱と緑は神社を象徴する色として伝統的に使われてきた。「あか」という色名は「あかるい」から来ているとされている（佐竹前掲）。「しろ」＝「しるい」と同じく光のありようを示す言葉で、やはり神と結びつけられてきたが、それが結びつく超越性は、白が結びつくのとはまたちがう種類のものである。

白は現実世界では特定の対象に内在し、外部からの影響を遮断し排斥する力と関連づけられやすい。それに対して、赤という色は、熱や光などの、外からの影響によって生じやすい。それゆえ、外から内へ働きかける力を象徴するものになりやすい。そうした力は個体を超えるという点では超越的だが、その超え方はつながりや交感といった形をとる。白が排除する超越性だとすれば、赤はつながる超越性にあたる。

だから、桜の春の彩りが、白から紅へ、より多彩な色へと移りつつある――。そのことに気づいたとき、私は息をのんだ。日本の桜が新たな位置と意味づけをとろうとしている。それが色彩で表現されているように思えたからだ。

日本語圏の桜は今、再び「外なる内」として、それも従来とは少しちがう「外」への回路として、[*]蘇りつつあるのではないだろうか。

再び「外なる内」として

「令和」の元号は、大伴旅人の梅花の宴の「序」からとられた。東アジアの花の環がその姿を本格的に現わし始めた時代の言葉だ。花の文化の歴史をふまえて選ばれたわけではないが、桜の春が白から紅へ、そして多彩さへと、色あいを変えつつある。そのことと「令和」は歩みをともにしている。

花の彩りだけではない。序章で紹介したように、桜は今や日本だけでなく、東アジアやそれ以外の地域でも広く鑑賞される花になりつつある。そのなかで、桜をめぐる新たな三国志も展開され、「桜は私たちのもの」という語りも生まれた。日本語圏の人間からすれば異様で奇妙な、そのような語りは、実際には日本語圏の桜語りにも見出すことができる。「中国に桜は咲いていない」という近世の儒学者の断定でも、「中国の桜はユスラウメだ」とする近代の学術でも、「桜は私たちだけのもの」だとされてきたが、それは日本語圏の

（＊）　意味システムの自己記述をあつかうことになるので、あえておざなりにふれるが、例えば「内／外」境界を自己定義しているという反省をともないながら「外」とする点で、従来とは異なる。おそらく本書もその一環なのだろう。興味があれば佐藤俊樹『メディアと社会の連関』（東京大学出版会、二〇二三年）などを参照。

桜の伝統ではない。

桜は「私たちのもの」ではない。むしろ**最も身近な「外」として、日本人は桜を畏れ、そして愛してきた**。一〇〇年以上つづいてきた、「**真正な」桜という観念の呪縛が解かれる**ことで、日本の桜の本来の姿に私たちは再び出会えるようになっているのではないだろうか。

人間世界の新たな境界づけ

空間的な外部だけではない。一八世紀後半に西欧で始まった産業化によって、人類は爆発的に人口をふやしてきた。科学技術の進歩によって、自分たちの外部の生態系も、自分たちで制御できると考えてきた。日本で産業化が進むのは明治以降だが、近世の社会も似た性格をもっていた。

その大きな歴史の流れも、ゆっくりとだが、やはり変わりつつある。地球環境問題や巨大な自然災害に直面して、人間の世界にも「外」があることをあらためて突きつけられている。産業化の二〇〇年が人口を増やし、自然を改造することで、生態系での外部を消し去ろうとしたのだとすれば、人口が減り、かつて人々が住んでいた場所も少しずつ無人に戻っていくなかで、外部との関わりも新たな形をとることになるのだろう。

だとすれば、令和の桜はもう一度、私たちに問いかけているのかもしれない。東アジアの他の土地でも見られる花になることで、あるいは大災害の記憶を伝える樹になることで、私たちにとって最も身近な「外」であることによって、さくらとは何なのかを、そしてさくらとともに春を過ごしてきたこの私たちは何であるのか、を。

二一世紀の桜の春が、そこにある。

2　歴史と想像力

「仮史」という方法

最後に本書でとってきた方法と視点について、解説しておこう。

何度も述べてきたように、桜の歴史に関する信頼性の高いデータは乏しい。文献的な史料も、政治や経済に比べればとても少ない。それでも東アジアの花については、他の地域と比較すれば、圧倒的に残されている方ではあるが。

それゆえここでは、数少ないデータの間に、できるだけ一貫性の高い論理を組み立てることをめざした。その意味で、ここで述べられた桜の時空は、ただ一つの正しい歴史といえるものではない。あくまでも「ありうる」歴史の一つでしかない。仮説的に構築されたという意味で、私自身は「仮史」と呼んでいる。

データが少ない場合には、このような再構成しかできない。他にも「ありうる」歴史があることを排除できない。それも少なければ少ないほど、「ありうる」歴史の幅は大きくなる（佐藤『メディアと社会の連環』前掲）。

だから、データを増やすことができるのであれば、そうした方向でまず努力した方がよい。本書でもDNA解析による系統推定を重要な補助線に使うことができた。中国語圏の詩文や花書に関しては、整備されたデータベースを使えた。以前であれば、ごく一部の図書室でしか閲覧できなかったものも多い。

武田信賢の「花信颪（櫻桃）」は持っていたが、『植物名実図考』の挿画はデータベースでたまたま見つけた。二つが同じ視覚的特徴を描いていることから、江戸時代の『桜桃』が空想上の植物であることに気づいた。『本草綱目』の原著のテクストにも挿画があるはずだ、と気づいたのは、本当はそれからかなり後のことである。

そうした作業によって、空白のいくつかは埋めることができたが、それでもここで組み立てたのが「ありうる」歴史の一つであることには変わりない。もちろん新たなデータが加わったり、もっと一貫性の高い見方が見出されたりすれば、修正されていくべきものでもある（→五章4）。

仮史のような方法はつねに意味をもつわけではないが、意味のある使い方ができる場合もある。例えば、データの数が少なく、「ありうる」歴史しか描けないにもかかわらず、「正しい歴史」がわかっていると信じられている場合だ。

「ありうる」歴史が複数あるからこそ、ただ一つの正しい歴史が願望される。それは自然な心理の一つだと思うが、「ありうる」歴史を「正しい歴史」＝「ありたい歴史」にすり替えるには、無関係な観念や信仰を大量に持ち込む必要がある。それによって、見えることも見えなくなる。それはやはり、世界を貧しくする途の一つだと思う。

産業化の時空との比較

こうした「仮史」には、別の良さもある。抽象度が高くなるので、他の事象との比較がやりやすいのだ。

例えば、八世紀前半の長安から本格的に姿を現わす「花だけ」を鑑賞する文化の波を、ここでは「東アジアの花の環」としてとらえた（→三章2）。これは東アジアの歴史のなか

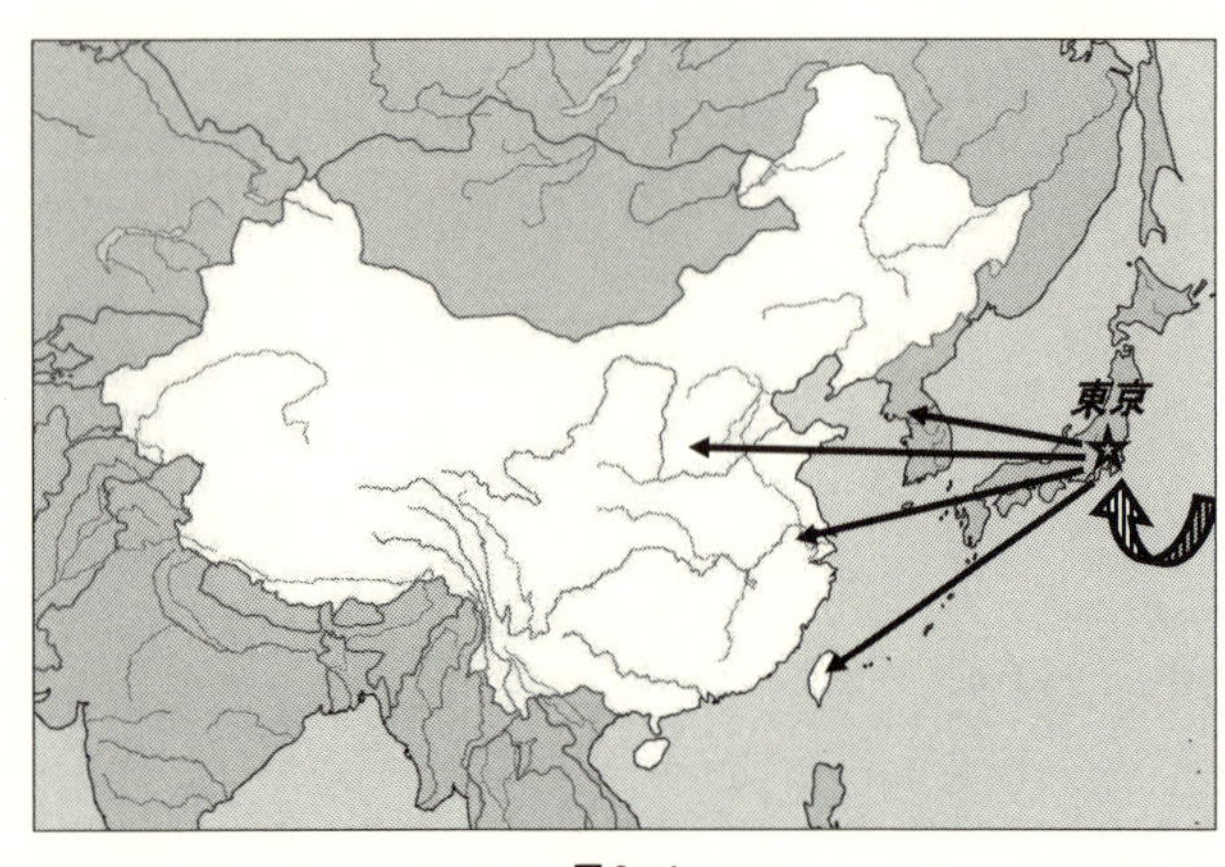

図6－1

でも大きな出来事の一つだと思うが、そうとらえることによって、同じような出来事をもう一つ見出すことができる。一九世紀から二〇世紀にかけての、東アジアの産業化の歴史だ。

こちらの方は一九世紀の東京を出発点にして、東アジア各地に広まっていくが、東京で生まれたものではない。長安の牡丹と同じく、外部からの影響を受けて始まったものだ。東アジアの花の環と同じような図で描けば、**図6－1**のようになる。

何かが伝播するというのはつねにこうしたものだろう、と私自身は考えているが、少なくとも同じ形であれば、そのなかでおきたことも同じように評価するべきだ。例えば、もし東アジアの産業化を、東京が「起源」で他の地域が模倣したものだ、とするのであれば、東アジアの花の環も、長安が「起源」で他の地域が模倣したものだ、とするべきだろう。

あるいは、東アジアの花の環を複数の地域の間の共通性と独自性としてとらえるなら、東アジアの産業化もどこかを中心地とすることなく、複数の地域の間の共通性と独自性としてとらえるべきだ。

どのように価値づけるのか、そこにどんな意味を見出すのかについては立場のちがいがあるだろうが、どんな立場をとるにせよ、同じものは同じように評価し、意味づけるべきだ。そのように、特定の立場の内部で論理的な一貫性を追求するだけでも、解消できる誤解や対立は少なくない。「ありうる」歴史を「ありうる」歴史として描くのは、そうした途も開く。

「ありうる」ことが複数あるのは、「なんでもあり」とは全く異なる。「ありうる」歴史が複数あることを「なんでもあり」と同じだとするのは、むしろ「ありうる」歴史を「ありたい歴史」とすり換えるのとよく似ている。どちらも複数性を実際には否定しているからだ。

歴史は論理の運動ではないし、ましてや理念の自己展開でもない。あえていえば、そういう風に受け取ることで、人は歴史をとらえ損ねるだけでなく、論理や理念の力も本当は無害化して、無いことにしようとしているのだろう。私はそう考えている。

想像力の矮小化

そのような桜語りの特徴は、例えば『正徹物語』の語りと比べるとはっきりする（→五章1）。

正徹は想像を想像として語る。「吉野の桜」というけれど、実際の吉野を見てはいないのです――そう書いている。想像なのだから、想像として突き抜けろ、という立場だ。

それに対して、二〇世紀の桜語りは和辻の『風土』のように、観念を事実だとし、想像を知識だとする。それゆえ観念を観念とし、想像を想像として言い切る正徹の語りは、むしろ都合が悪い。足元を見られているようなものだ。だから『徒然草』はよく引かれるが、『正徹物語』が引かれることは少ない。

けれども、それは二〇世紀の桜語りからの位置づけにすぎない。「花だけ」を鑑賞する文化のなかでは、正徹のような方向性もまた、一つのあり方だ。想像や観念だから、内閉するわけではない。それらを事実や知識だとすることで、内閉していくのである。

それによって、そうでない可能性を考える想像力もむしろ失われていく。桜をめぐる想像力も、そうやって矮小化されていったように思う。

吉野の桜は言葉の世界にあるとすれば、言葉同士の接触や連なりのなかで桜の意味は見出される。それは東アジアの花の環にも通じるとらえ方だ。「実も花も」の伝統がごく短い日本語圏では、花の文化は「花だけ」の意味づけを先鋭的に極める方向に進んできたが、極める方向は一つではない。正徹の語りも「外なる内」としての桜の見方の一つであり、楽しみ方の一つである。

もちろん、好き勝手に想像すればよいわけではない。正徹も、そのうちに知識も自然に身につきます、と書いている。それでも想像するしかない部分は残る。だとすれば、想像は想像だとはっきりさせた方が、より豊饒な世界が開かれる。そういいたかったのではないだろうか。

垂直な想像力

だから、「ありうる」歴史を「ありうる」歴史として描くことは、歴史に想像力を取り戻すことでもある。物語られた歴史に対して、寄り添うのでもなく、逆らうのでもなく、垂直に交わる想像力を。

物語られる歴史はつねに甘く、優しい。不安な心を宥めて、癒してくれる。意味が砂山のように崩れていくのを、押しとどめてくれるように見える。例えば、戦後の桜語りが異様に観念的で、自己陶酔的なのも、敗戦によってばらばらにされた「日本」をつなぎとめる手段でもあったからだろう。そのために科学的な知識や歴史的な事実を無視してまで、

「ありたい歴史」が語られてきた。第一章で述べたように、そこには意外なくらい、政治や思想の立場によるちがいはない。

それが無意味なことだったとは思わないが、甘く閉じた物語の内部にとどまれば、幼いままでいるしかない。それによって失われるものもまた、大きい。

何よりも、桜がその一つだ。桜が「外なる内」であるとすれば、そういう形で日本の桜が独異なものだとすれば、日本の桜はつねに見る人の心をかき乱す。だとすれば、日本の桜の美しさも、物語られる歴史に対して垂直な何かだと思う。

そのような桜が日本の桜だからこそ、その時空をたどる旅は、「ありうる」歴史を「ありうる」歴史として描くものでしかありえなかった。そんな風に今は感じている。

あとがき

いつものように書こうと考えたことは全て本文に書いた。全体の要約も序章の終わりにあるので、それらを知りたい方はそちらを読んでほしい。

本書を書くことを依頼されたのは、私の記憶が正しければ、『桜が創った「日本」』を刊行した少し後だ。二〇年近くかかった。書こうと思いながら書けなかったものとしては、最長記録になる。本書の担当編集の藤崎寛之さんにはその間、辛抱強く、そして忘れたくなったころに絶妙に催促してもらいながら、粘り強く待ってもらった。著者としては感謝しかない。

言い訳をすると、その間、何度も書こうとした。書き始めたことも五、六回ある。でも、まとめられなかった。染井吉野の起源をたどる旅をして、その先に、さらに深いところに何かがある。そうした感覚をずっと抱きながら、言葉にすることができなかった。桜語りには一人一人の思い込みが強く反映する。私自身が感じていることもその類いではないか。そんな迷いがつねにあった。

抜け出すきっかけをくれたのは、友人の浦島茂世さんである。本書のプロトタイプ、というか試作品の一つを二〇一五年度東京大学学術俯瞰講義「クールヘッド・ウォームハートーみえない社会をみるために」の一回として、学生さんたちの前で話す機会があった。その公開動画をたまたま目にして、面白がってくれたのだ。浦島さんは『パブリックアート入門』（イースト新書Q）や『東京のちいさな美術館めぐり』（GB）などの著者である。専門は「美術館訪問が日課のフリーライター」（著者紹介による）だが、美術にかぎらず、何かを面白がるセンスはぴか一だと思う。

そんな人が面白いと言ったのだから、面白くはあるのだろう。それに勇気づけられて、また書き始めてみた。今度は書けた。ありがたいかぎりである。学術俯瞰講義の依頼をしてくれた玄田有史さんや、動画を編集し公開してくれたUTokyo OCW（OpenCourseWare）の関係者の方々にも感謝したい。

浦島さんは「東京スリバチ学会」で知りあったスリバチ仲間でもあるが、「さくら」の語源説として「咲くもの」があることを教えてくれたのは、同じスリバチ仲間である島田泰子さんだ。薔薇には四季咲きがあるのに、なぜ桜にはないのだろう、と問いかけてくれたのは、友人の品田知美さんである。読み終わった方はおわかりだろうが、それらが最後まで導きの糸になった。やはり感謝したい。

そして、最後にもう一人、ここで書いておかなければならない方がおられる。読売新聞で書評を担当したときに知りあえた川村二郎さんだ。それまで全く面識はなかったのだが、いろいろな話を親しく聞かせてもらえるようになった。

理由の一つは、たぶん研究言語だろう。考えていく手段としてどんな言語を使うかは、エヴァンゲリオン弐号機の起動言語みたいなもので、考える途や癖を決めるところがある。私の場合は圧倒的に日本語だが、その次はドイツ語になる。中学生のころには、平凡社の中国古典文学大系にもどはまりした。嗜好としては古典文学というよりも、文芸に近く、一番のお気に入りは「伝奇小説」だった。春の花も『紅楼夢』の白海棠より、潘金蓮の桜桃の唇や崔護の人面桃花が印象に残っているくらいだ。

ドイツ語だけでなく、そんな漢文の「雑文」好きも、少し近く感じてもらえたのかもしれない。当時まだ私の体調が不安定で、瑠璃光寺の五重塔を一緒に見に行くことはかなわなかったが、京都の常照皇寺にはやはり書評で親しくなった坂元一哉さんに連れて行ってもらい、あの枝垂桜の写真を撮ってくることができた。二人分の素人写真を図々しくお渡ししたら、とても喜んでもらえた。それもずっと心に残っている。

『桜が創った「日本」』を読売新聞で書評してくださったのも、川村さんだ。そのなかで正徹のことにふれておられた。私にとっては、それはまだ答えられない宿題になった。川村さんの『白山の水』（講談社文芸文庫）は今も折にふれて読み返すが、そこに出てくる「日本の古代に対する類比を絶した幻視者」折口信夫の話も、やはり長く宿題になっていた。

葬儀の日、書評仲間だった人たちと別れて、東急東横線の日吉駅から金蔵寺まで歩いた。川村さんの『日本廻国記　一宮巡歴』（同）は、ここから始まる。川村さんのご自宅が近くにあり、たまたま私も近くに住んでいたことがある。だから、どんな場所なのか、知っていた。

春はまだ浅かったが、本堂の裏手の、急な坂道をあがると少し汗ばんだ。木よりもはるかに土の匂いが濃いのは、寺の形を成す前から、ここが崖沿いの祭祀の場だったからだろう。そこで、最後のお見送りをしたかったのだ。

もしかすると、本当はそのときに、今度の旅は始まったのかもしれない。

河出新書 082

桜とは何か
花の文化と「日本」

二〇二五年二月一八日　初版印刷
二〇二五年二月二八日　初版発行

著　者　佐藤俊樹
発行者　小野寺優
発行所　株式会社河出書房新社
〒一六二－八五四四　東京都新宿区東五軒町二－一三
電話　〇三－三四〇四－一二〇一［営業］／〇三－三四〇四－八六一一［編集］
https://www.kawade.co.jp/
マーク　tupera tupera
装　幀　木庭貴信（オクターヴ）
印刷・製本　中央精版印刷株式会社
Printed in Japan　ISBN978-4-309-63185-1